U0182967

CORRUGATED STEEL−CONCRETE COMPOSITE FRAMES
Experiments, Theory, and Applications

波纹钢组合框架结构
试验、理论及应用

王城泉　邹　昀　陈　明
孙泽轩　蒋吉清　王新泉 ◎ 著

ZHEJIANG UNIVERSITY PRESS
浙江大学出版社
·杭州·

图书在版编目(CIP)数据

波纹钢组合框架结构:试验、理论及应用/王城泉
等著. —杭州:浙江大学出版社,2024.1
ISBN 978-7-308-24606-4

Ⅰ.①波… Ⅱ.①王… Ⅲ.①波纹管—钢筋混凝土柱
Ⅳ.①TU375.3

中国国家版本馆 CIP 数据核字(2024)第 002649 号

波纹钢组合框架结构:试验、理论及应用

王城泉　邹　昀　陈　明
　　　　　　　　　　　　　著
孙泽轩　蒋吉清　王新泉

责任编辑	陈　宇	
责任校对	赵　伟	
封面设计	雷建军	
出版发行	浙江大学出版社	
	(杭州市天目山路 148 号　邮政编码 310007)	
	(网址:http://www.zjupress.com)	
排　　版	杭州星云光电图文制作有限公司	
印　　刷	广东虎彩云印刷有限公司绍兴分公司	
开　　本	710mm×1000mm　1/16	
印　　张	15	
字　　数	310 千	
版印次	2024 年 1 月第 1 版　2024 年 1 月第 1 次印刷	
书　　号	ISBN 978-7-308-24606-4	
定　　价	88.00 元	

版权所有　侵权必究　印装差错　负责调换

浙江大学出版社市场运营中心联系方式:0571-88925591;http://zjdxcbs.tmall.com

序　言

　　改革开放以来,我国国民经济水平迅速提高,建筑行业的发展也走上了快车道。经过几十年的发展,建筑领域已形成一套较为成熟的体系,建成的各类建筑基本能够满足人们的日常所需。然而,随着城市建设的不断发展,建设规模不断扩大,建筑功能日益多样化,建筑物的高度和跨度不断增加,梁、柱所承受的荷载也越来越大,这就要求其具备更高的承载能力、更好的延性、更强的耐火性能以及施工方便、经济高效,以满足建筑安全和使用要求。钢－混凝土组合结构应运而生,它不仅具有钢结构的强度高、自重轻、便于连接等特点,还具备混凝土结构的耐火性良好、抗锈蚀能力强等优势,广泛应用于预制装配式建筑中。这是符合国家产业导向的。为了促进预制装配式建筑产业的发展、降低预制装配式结构的生产成本,研究新型钢－混凝土组合结构的形式与设计方法,探究钢与混凝土两种材料间更加合理的组合方式必不可少。

　　波纹钢,作为一种新兴的建筑材料,以其独特的力学性能和美学价值,逐渐受到建筑业的青睐。它不仅具备优良的抗压、抗拉性能,而且质量轻、强度高,为建筑设计提供了更大的自由度。而波纹钢组合框架结构更是充分利用了波纹钢的这一特点,它不仅大大提高了建筑的稳定性与抗震性,其独特的造型和结构还为建筑师创造力的发挥带来了无限可能。

　　本书作者从试验、理论及应用三个层面,对波纹钢组合框架结构进行了全面而深入的研究。读者可以通过大量的试验数据,清晰地了解波纹钢组合框架结构的性能特点。理论分析部分则为其在实际工程中的应用提供了坚实的理论基础。本书最后还通过一系列的实际案例,让读者更直观地理解波纹钢组合框架结构在现代建筑设计中的应用价值。

　　在 21 世纪的建筑领域,我们见证了无数创新与突破。我深信,本书不仅能为建筑领域的学者、设计师和技术人员提供重要的参考,也将为这一新兴领域

的发展注入新的活力。我荣幸地为本书作序，期待它在未来能引领更多的创新
与突破。

　　本书的顺利出版获得了城市基础设施智能化浙江省工程研究中心、浙江省
自然科学基金项目（LTGG23E080001）的资助。

前　言

自改革开放以来,我国国民经济水平迅速提高,建筑行业的发展也驶入了快车道。在保证质量安全的基础上,人们对建筑的要求愈来愈多样化。经过几十年的发展,建筑领域已形成了一套较为成熟的生产体系,已建成的各类建筑基本能够满足人们的日常所需。然而,传统的现浇混凝土建筑结构在生产过程中由于施工技术落后、设计不够精细、后期变更繁多等原因,存在能耗过大、资源分配不合理、环境污染严重等问题,劳动力成本的持续提高也对这种较为粗糙的生产方式造成了一定的冲击。因此,传统建筑行业的生产方式已不再适应现在国家推行的低碳环保理念,标准化、信息化、工业化的生产方式成为时代发展的必然趋势。

基于此,国家为建筑产业确立了发展路线——大力推广普及预制装配式建筑。相比于传统的现浇式结构,预制装配式结构具有施工方便、成本低廉、节能环保等优点,并且预制构件的生产流程可控,构件的质量、精度等都有了质的提升。同时,预制构件工厂都会配备蒸汽养护设施,相比于自然养护,蒸汽养护可以大大减少混凝土的养护时间。预制装配式结构更加适应如今国家对于建筑行业的严格要求。

钢-混凝土组合结构不仅具有钢结构强度高、自重轻、便于连接等特点,还具备混凝土结构耐火性良好、抗锈蚀能力强等优势,因此被广泛应用于预制装配式建筑中。为了促进国家预制装配式建筑产业的发展、降低预制装配式结构的生产成本,研究新型钢-混凝土组合结构的形式与设计方法,探究钢与混凝土两种材料间更加合理的组合方式势在必行。

鉴于上述内容,作者撰写了本书。本书第 1 章由江南大学邹昀撰写,其他章由浙大城市学院王城泉撰写。感谢陈明、孙泽轩、蒋吉清、王新泉对本书内容提供的指导和帮助。作者在书中提出了一种新型的波纹钢板-钢管混凝土组合框架结构体系,并通过试验研究、有限元模拟以及理论分析,对该新型组合框架结构的受力性能展开了分析,同时阐述了设计方法。本书的顺利出版获得了城市基础设施智能化浙江省工程研究中心、浙江省自然科学基金项目(LTGG23E0800D1)的资助。由于作者水平有限,书中难免出现纰漏与错误,恳请读者批评指正。

目　录

第1章
绪　论

随着我国建筑产业的飞速发展及建设规模的逐年增加,传统的现浇施工方式已经无法满足低能耗、高效率的产业需求。我国第十三个五年规划纲要明确指出,推动建筑产业现代化,需要进一步推广智能和预制装配式建筑并加强关键技术的支撑[1]。2016—2017 年,国务院先后推出了关于发展和促进预制装配式建筑的若干指导性意见及文件;2018 年,《装配式建筑评价标准》明确要求装配式建筑装配率不得低于 50%。这为我国建筑业的发展指明了方向。

随着高层建筑的建设规模不断扩大,建筑物的高度和跨度不断增加,梁、柱所承受的荷载越来越大,其受力也变得更加复杂。这就要求构件具备承载力高、延性好、耐火性强及施工便捷、经济高效等性能,以及满足建筑安全及使用要求[2]。钢-混凝土组合结构的受力性能优异,相较于钢筋混凝土结构,其更易于连接,更适用于预制装配式建筑。钢-混凝土组合结构的应用有助于加快施工进度、控制施工质量、降低人工成本、减少现场湿作业的规模,从而达到节能减排的目的。目前,钢-混凝土组合结构已被广泛应用于工业厂房、高层建筑、桥梁等现代工程结构中,如图 1-1 所示。较为常见的钢-混凝土组合结构包括钢管混凝土柱、型钢(钢骨)-混凝土组合梁、外包 U 形钢-混凝土组合梁等。

(a) 漳州九龙江大桥　　　　(b) 北京中信大厦　　　　(c) 上海中心大厦

图 1-1　钢-混凝土组合结构在现代工程中的应用

　　钢管混凝土柱因承载力较高、延性及耗能性能良好、施工方便快捷等特点，在实际工程中已经获得了广泛应用。但钢管混凝土柱的管壁较薄，在竖向荷载作用下，外部钢管易发生局部屈曲，如图 1-2 所示。这一方面造成了钢管屈曲部位过早退出工作，使得钢材强度得不到充分发挥；另一方面降低了钢管对混凝土的约束效果。为了进一步提高钢管混凝土柱的承载力，大量研究提出了一系列改善钢管混凝土柱力学性能的措施，如焊接加劲肋[3]、设置拉筋[4]、预埋栓钉[5]、缠绕纤维增强复合材料(fiber reinforced polymer/plastic，FRP)材料[6]等。然而，这些措施或是在承载力提升方面不甚理想，或是会使构件的破坏模式转变为脆性破坏，因而它们都不适用于实际工程。

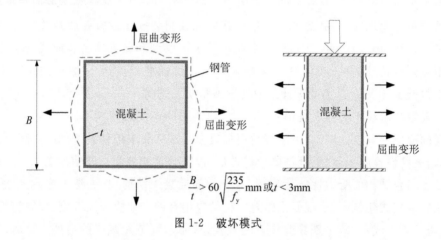

$$\frac{B}{t} > 60\sqrt{\frac{235}{f_y}}\,\text{mm 或}\,t < 3\text{mm}$$

图 1-2　破坏模式

　　普通钢–混凝土组合梁的结构形式并不复杂，常见的做法是在工字钢梁上部焊接栓钉、槽钢或角钢等抗剪件，使之与混凝土板相连，而成为一个整体，这样可以共同承载并协调变形，如图 1-3(a)所示。与钢筋混凝土梁相比，普通钢–混凝土组合梁在承载力、刚度、延性、自重、施工、抗震性等方面均有改善。虽然普通钢–混凝土组合梁相较于钢筋混凝土梁与钢梁都有明显的优势，但是它的弊端也在工程实践中逐渐显露：①钢梁与混凝土板的连接面较为光滑，使得常用的抗剪连接件无法实现钢与混凝土界面的可靠黏结，容易发生相对纵向滑移、混凝土板竖向掀起等破坏，不能充分发挥两种材料的性能；②工字钢梁缺乏混凝土的支撑，很难避免失稳的发生，并且腹板往往在达到屈服强度前就发生屈曲破坏，这在很大程度上降低了组合梁的承载力；③在负弯矩工况下，钢构件受压、混凝土翼缘板受拉，极易开裂，无法满足工程的安全性和使用性要求。

　　型钢(钢骨)–混凝土组合梁是传统钢结构与普通钢–混凝土梁的有机结合。型钢内置和外包的混凝土有约束与支撑作用,有效避免了钢骨架发生屈服前屈曲的情况,提高了钢材强度的利用率,如图 1-3(b)所示。与纯钢梁相比,这种混凝土包钢的组合梁的耐火性能优越、不易失稳、维护成本大幅降低。但是这种结构既有受拉钢筋和箍筋,又有内置钢骨架,其结构自重过大、施工工序繁杂、混凝土不易振捣密实,因而无论是现浇还是工厂预制,都存在较大的难度,因此阻碍了其发展与工程应用。

外包 U 形钢-混凝土组合梁是由直钢板经过焊接冷弯,先加工成一个开口的U 形截面钢梁,再在其内部灌注混凝土而得到的,如图 1-3(c)所示。这种钢包混凝土的构造使得梁在拥有高承载力的同时,其刚度和延性也毫不逊色。混凝土腹板的支撑在避免钢梁失稳的同时能够延缓其屈曲,外包钢梁也在一定程度上延缓了内部混凝土的开裂。外包钢梁和内部混凝土在火灾工况下可以各司其职,有效传递热量。在构件加工方面,U 形钢能够在工厂预制,且不用额外支模便可直接在其内部灌注混凝土[7,8]。但是在试验和工程实践中发现,该构造梁在腹板内部(钢-混界面)以及腹板与混凝土翼缘板的交界处(梁-板界面)[9]易发生破坏。

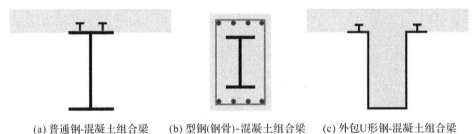

(a) 普通钢-混凝土组合梁　　(b) 型钢(钢骨)-混凝土组合梁　　(c) 外包U形钢-混凝土组合梁

图 1-3　常见的钢-混凝土组合梁

基于上述问题,深入研究钢-混凝土组合结构的受力性能,提出新型的钢-混凝土组合结构与设计方法既是预制装配式建筑发展的需要,也可为国家当前大规模的基础设施建设提供更为科学的设计和施工依据。

本书提出了一种波纹钢组合框架结构,包括波纹钢板-钢管混凝土组合柱、波纹钢板-钢混凝土组合梁、波纹钢板-钢管混凝土组合框架节点等,相比于传统的钢-混凝土组合结构,其具有更加优异的受力性能。波纹钢板凹凸不平的梯形褶皱可以增大钢板与混凝土间的接触面积和摩擦,用波纹钢板替代直钢板能够对钢-混界面起到很好的加强作用;波纹钢板的平面外计算长度很小,将其应用于组合柱中可以避免发生局部屈曲,从而提升其对内部混凝土的约束作用,提高组合柱的承载力。此外,波纹钢板还具有出色的抗剪性能,将其应用于组合梁中能够减小结构厚度,节省用钢量,从而提高经济效益。

　　首先,本书对所提出的波纹钢组合框架结构进行了大量的试验研究,建立了相应的非线性有限元模型,并结合有限元分析结果对各构件的受力机理展开了深入分析。然后,在已验证的有限元模型上进行了大量的参数分析,以探究波纹钢与混凝土间的组合效应,对结构进行了优化。最后,本书结合试验与有限元结果,提出了各构件的承载力计算方法。希望书中所述内容能够对预制装配式建筑的发展提供一定的参考。

第2章
研究概况

2.1 波纹钢板-钢管混凝土组合柱

波纹钢板-钢管混凝土组合柱是由在四角布置方钢管并利用横肋波纹钢板将四角的方钢管焊接形成多腔体,再在腔体内浇筑混凝土而得到的。分布在组合柱四角的方钢管与波纹钢板焊接而成的空心管增加了方钢管的侧向约束,提高了方钢管的侧向刚度和稳定性;方钢管和组合空心管内均浇筑混凝土,以形成钢管混凝土结构;布置于四角的方钢管与波纹钢板所形成的多腔体组合截面可有效提高对核心混凝土的套箍效应,提高波纹钢、混凝土两种材料的协同工作性能,从而提高组合柱的受力性能。波纹钢板-钢管混凝土组合柱如图 2-1 所示。

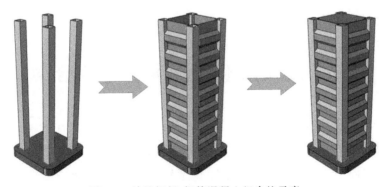

图 2-1   波纹钢板-钢管混凝土组合柱示意

本书采用试验与有限元相结合、有限元与试验相验证的方法,探究波纹钢板-钢管混凝土组合柱的轴压性能、偏压性能、弯剪性能与抗震性能,主要研究内容如下。

（1）进行波纹钢板-钢管混凝土组合柱的轴压试验，并以典型试件为例，探究波纹钢板-钢管混凝土组合柱的受力机理；进行大量参数分析，探究影响构件轴压承载力的主要参数；根据波纹钢板-钢管混凝土组合柱的截面构造特点，在曼德（Mander）模型以及有限元参数分析的基础上，建立波纹钢板-钢管混凝土组合柱轴压承载力计算公式，为实际工程提供参考。

（2）以偏心率及偏心距作为试验指标，对波纹钢板-钢管混凝土组合柱进行单向与双向偏心受压试验，对试验结果进行分析，并对波纹钢板、方钢管与混凝土的相互作用机制进行研究；通过有限元软件 ABAQUS 建立组合柱的偏心受压模型，进行应变分析、全过程分析、混凝土纵向应力分析等，并结合参数分析探究波纹钢板-钢管混凝土组合柱的偏心受压性能；提出波纹钢板-钢管混凝土组合柱偏心受压承载力计算公式，并与试验结果及有限元分析结果相比较。

（3）以钢管厚度、波高、剪跨比等为试验参数，进行波纹钢板-钢管混凝土组合柱弯剪试验，通过观察对比试件荷载-位移曲线、破坏模态及应变状况，对试件的抗剪性、抗弯性分别进行分析探讨，从而得出试件的弯剪性能；建立相应的有限元模型，在验证有限元准确性的基础上进行大量参数分析；对波纹钢板-钢管混凝土组合柱的抗剪与抗弯承载力公式进行拟合、推导，从而得出相关承载力的实用计算公式。

（4）通过试验，研究新型柱在不同剪跨比、轴压比下的破坏形态、抗震性能和钢材的应力分布；采用 OpenSees 平台建立适用于新型柱的有限元分析模型，对轴压比、剪跨比、材料强度和构件尺寸等影响结构抗震性能的因素进行参数分析，从而为新型柱的设计和应用提供建议与参考。

2.2 波纹钢板-钢管混凝土组合梁

波纹钢板-钢管混凝土组合梁的梁侧腹板采用波纹钢，并与底部钢板和顶部钢板进行焊接连接，波纹钢板凹凸不平的梯形褶皱可以增大与混凝土间的接触面积和摩擦力，因此用波纹钢腹板替代外包 U 形钢-混凝土组合梁中的直钢腹板能够对钢-混凝土界面起到更好的加强作用。两侧顶板利用 C 形钢进行连接，以约束两侧钢板，增强侧腹板对混凝土的约束作用，如图 2-2 所示。此外，在梁的内部填充混凝土，并利用后张法预应力钢绞线张拉可增强梁的抗弯能力；也可在主梁的四分之一处布置加劲肋，以实现与钢次梁的连接。

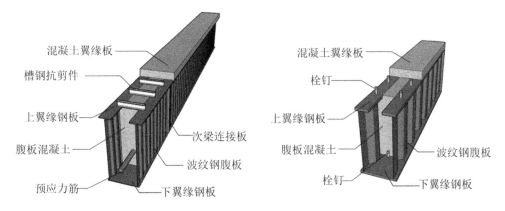

图 2-2 波纹钢板-钢管混凝土组合梁示意

本书采用试验与有限元分析相结合、有限元分析与试验相验证的方法,探究波纹钢板-钢管混凝土组合梁的受弯性能与受剪性能,主要研究内容如下。

(1)以抗剪连接件数量、预应力、混凝土板有效宽度、下翼缘钢板栓钉和钢梁内混凝土的影响为试验参数,研究波纹钢板-钢管混凝土组合梁在正弯矩作用下的受弯性能;以下翼缘钢板厚度为试验参数,研究波纹钢板-钢管混凝土组合梁在负弯矩作用下的受弯性能;建立波纹钢板-钢管混凝土组合梁在正、负弯矩作用下的有限元模型,并研究不同参数对波纹钢板-钢管混凝土组合梁抗弯承载力的影响;基于规范,推导出组合梁在正、负弯矩作用下的抗弯承载力计算公式,并与试验和有限元结果验证。

(2)设计并开展四根波纹钢板-钢管混凝土组合梁的抗剪试验,主要研究剪跨比、波纹钢波形的疏密程度对新型组合梁抗剪性能的影响,对破坏模态、剪力-跨中挠度曲线、波纹钢剪应变发展情况等进行分析;通过有限元模拟、研究不同参数对组合梁抗剪性能的影响;基于国内的规范,建立适用于波纹钢板-钢管混凝土组合梁的受剪承载力计算公式,分别将计算值与试验结果、有限元参数分析值进行比较。

2.3 波纹钢板-钢管混凝土组合框架节点

波纹钢板-钢管混凝土组合框架节点是由波纹钢板-钢管混凝土组合柱和波纹钢板-钢管混凝土组合梁构成的,组合柱在楼板上侧一定高度处分为上柱和下柱;为提高梁柱节点的整体性,在节点域内,下柱波纹钢板在梁一侧转化为缀板,下柱与梁、楼板混凝土整体浇筑，使得梁、节点间的混凝土贯通。梁波纹钢板在节点域内转化为直钢板。直钢板伸入柱内并搁置在柱节点域内，使得梁端剪力能得以有效传递。为保证梁在节点域内的弯矩能有效传递，可将梁上、下翼缘转化为节点上、下翼缘板。在节点上、下翼缘非梁侧设锚固板，以提高其与节点混凝土的黏结性能。波纹钢板-钢管混凝土组合框架节点应构造形式简单、传力明确，并能满足"强节点、弱构件"的抗震要求，如图 2-3 所示。

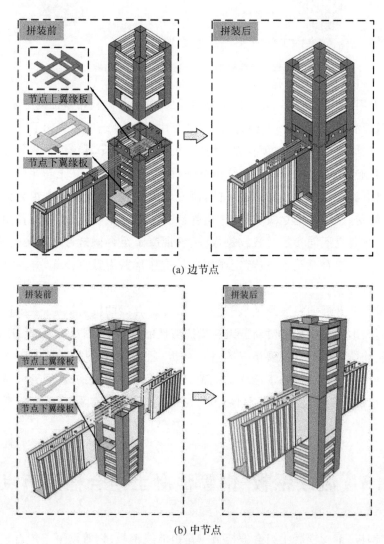

(a) 边节点

(b) 中节点

图 2-3 波纹钢板-钢管混凝土组合框架节点示意

本书通过试验研究、有限元分析及理论分析三种方式对波纹钢板-钢管混凝土组合框架节点的抗震性能以及节点核心区受剪机理进行研究,主要研究内容如下。

(1)进行波纹钢板-钢管混凝土组合框架边节点试件拟静力试验,对边节点的破坏模态、滞回曲线、骨架曲线、延性、耗能、钢材应变等性能进行分析。此外,对该边节点的变形组成以及各变形的变化规律进行研究;利用有限元软件对组合框架边节点的破坏模态、承载力、刚度、耗能能力等抗震性能进行研究,并探究梁柱线刚度比对于边节点破坏模态、承载力的影响。

(2)进行波纹钢板-钢管混凝土组合框架中节点的低周往复试验,对该节点的破坏模态、滞回曲线、骨架曲线、延性、耗能、刚度退化、强度退化、钢材应变等性能进行分析;通过改变梁柱线刚度比,利用有限元软件建立基于节点核心区剪切破坏的模型,对影响简化模型承载力的影响因素进行分析;深入分析中节点核心区钢材和混凝土的应力和应变,明确节点核心区各个构件的传力路径和受力机理,提出一种中节点核心区受剪承载力的公式。

第3章
波纹钢板-钢管混凝土组合柱的
轴压性能研究

3.1　试件概况

为了研究波纹钢板-钢管混凝土组合柱在轴压作用下的力学性能,本书设计、制作了11根试件(CFHCST-1~CFHCST-11),其变量包括组合柱的截面尺寸、方钢管厚度、波纹钢板厚度、试件高度以及钢管中空,各试件具体参数如表3-1所示。通过对比分析各试件的破坏模式、荷载-位移曲线、延性等指标来评价各参数对组合柱轴压性能的影响;基于剥离分析,探究波纹钢板在试验过程中的应力应变发展规律及其对核心混凝土的约束效应。其中,试件的截面形式及波纹钢板尺寸如图3-1所示。

表 3-1　各试件具体参数

试件	试件尺寸/mm		波纹钢板/mm		钢管/mm		钢管内有无混凝土	含钢率 ρ/%
	B	L	b_1	t_1	b_2	t_2		
CFHCST-1	350	1400	200	1.2	75	3	有	3.74
CFHCST-2	350	1400	200	1.2	75	3	无	4.46
CFHCST-3	350	1400	200	1.2	75	5	有	5.66
CFHCST-4	300	1400	150	1.2	75	3	有	4.14
CFHCST-5	400	1400	250	1.2	75	3	有	3.95
CFHCST-6	350	1400	200	1.0	75	3	有	3.60
CFHCST-7	350	1400	200	1.0	75	6	有	6.29
CFHCST-8	350	1400	200	3.0	75	3	有	4.96
CFHCST-9	230	700	150	2.0	40	2	有	2.73
CFHCST-10	230	700	130	2.0	50	2	有	3.40
CFHCST-11	230	700	110	2.0	60	2	有	4.10

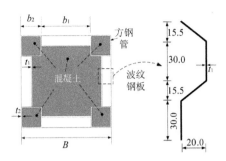

图 3-1　试件的截面形式及波纹钢板尺寸

波纹钢板-钢管混凝土组合柱主要由方钢管、波纹钢板、端板及混凝土四部分组成,试件的制作加工流程如下。

(1)钢材加工。首先加工波纹侧板,按设计尺寸和所需数量在整段钢板上进行无锯齿切割裁剪,按尺寸要求将其冷弯成波纹侧板;然后将采购的成品方钢管切割,每段长 3000mm。鉴于柱截面尺寸大、承载力较高,为防止加载时柱端出现局部破坏,在柱子上、下端均焊接约束端板,端板截面尺寸及效果如图 3-2 所示。

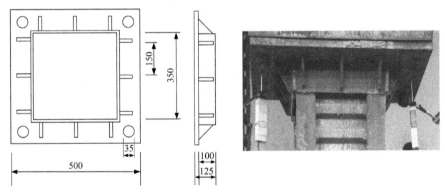

图 3-2　端板截面尺寸及效果

(2)四角方钢管与波纹侧板、端板焊接。首先将四角方钢管按设计位置焊接在底部加载端板上,另一侧悬空;然后将波纹钢板与四角方钢管满焊焊接,焊接时尽量保证波纹钢板的波峰与方钢管外边缘在同一平面。另外,波纹钢板很薄,对焊接工艺要求较高,故不允许出现漏焊或焊穿的现象,并要保证钢管与波纹侧板之间焊缝均匀连续。

(3)浇筑、振捣混凝土。由于波纹侧板具有较高的平面外刚度,且四角方钢管与波纹侧板焊接组成的多腔体具有很好的密封性,因此浇筑时不需要模板。首先浇筑钢管内混凝土,边浇筑边在钢管外壁振捣以保证混凝土密实;然后浇筑波纹侧板内核心混凝土,振捣密实并制作混凝土试块。为防止柱内部混凝土因收缩和热应力开裂,在柱顶部进行水封养护,并对试块与试件在同等条件下进行养护,以得到其真实的材料强度。

(4)端板盖封。混凝土初凝后用刮铲将试件表面抹平,并将湿润的棉布盖在试件上进行室外常温养护。待混凝土养护完成后,首先用水磨石机将柱顶部磨平,以保证钢与混凝土在同一水平面;然后在端板内放一定量的环氧树脂,用来填充端板与柱端的间隙,以保证理想的受力效果;最后待环氧树脂达到强度后,将端板与钢管焊接,完成制作。试件的制作过程如图 3-3 所示。

(a) 多腔体焊接成型

(b) 浇筑、振捣混凝土

(c) 试件养护

图 3-3　试件的制作过程

3.2　材料性质试验

3.2.1　混凝土材料性质

试件采用商品混凝土统一浇筑,在浇筑试件的同时制作 6 块边长 150mm 的标准立方体混凝土试块,如图 3-4 所示,与试件同条件养护。按照国家标准《混凝土物理力学性能试验方法标准》(GB/T 50081—2019)[10] 的有关规定进行试块制备,由试验测得的混凝土材料性质见表 3-2。

表 3-2　混凝土材料性质

试件	f_{cu}/MPa	f_c/MPa	E_c/GPa
CFHCST-1~CFHCST-5	44.4	33.7	30.9
CFHCST-6~CFHCST-8	41.4	31.5	27.5
CFHCST-9~CFHCST-11	36.8	28.0	25.0

注:f_{cu} 为实测混凝土立方体抗压强度平均值;f_c、E_c 分别为通过 f_{cu} 计算的混凝土轴心抗压强度及弹性模量。

(a) 加载装置　　　　　　　　　　　　(b) 混凝土试块

图 3-4　混凝土材料性质试验

3.2.2　钢材材料性质

本试验按照国家标准《钢及钢产品　力学性能试验取样位置及试样制备》(GB/T 2975—2018)[11]分别制作三组材料性质试样(波纹钢板和方钢管),如图 3-5 所示,并按照国家标准《金属材料　拉伸试验　第 1 部分:室温试验方法》(GB/T 228.1—2021)[12]对试样进行单轴拉伸试验,测得各类钢材的材料性质见表 3-3。

 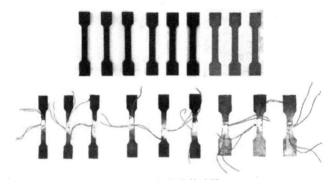

(a) 加载装置　　　　　　　　　　　　(b) 钢材拉伸试样

图 3-5　钢材材料性质试验

表 3-3　钢材材料性质

试件	f_{y1}/MPa	f_{u1}/MPa	E_{s1}/ $(10^5$ MPa)	f_{y2}/MPa	f_{u2}/MPa	E_{s2}/ $(10^5$ MPa)
CFHCST-1~CFHCST-5	389	486	2.06	376	472	2.01
CFHCST-6~CFHCST-8	413	483	2.01	368	565	1.99
CFHCST-9~CFHCST-11	221	301	2.02	347	425	2.06

注: f_{y1}、f_{u1}、E_{s1} 分别代表波纹钢板的屈服应力、极限应力及弹性模量; f_{y2}、f_{u2}、E_{s2} 分别代表四角方钢管的屈服应力、极限应力及弹性模量。

3.3　加载装置及测点布置

CFHCST 轴压试验在 10000kN 压力机上进行，加载装置如图 3-6(a)所示，对试件采用荷载、位移混合控制加载。加载初期采用荷载控制加载，预加载 200kN，以检查加载设备及各测点工作情况，确定试件柱是否处于轴心受压状态。之后，每级加载 200kN，每级持荷不少于 3min。达到峰值荷载后，采用位移控制进行逐级加载，每级增量为 2mm。当试件钢管出现明显鼓曲变形时，改为缓慢连续加载，直至波纹钢板或方钢管发生严重局部屈曲或出现撕裂时，加载结束。

在柱端的对顶角布置两个位移计来测定柱的纵向位移，为研究轴压下波纹钢板及方钢管的应变状况，在试件柱中的截面钢管和一循环波纹钢板上（波峰、波腹、波谷）布置纵向及横向应变片。试验采用钢筋应变片，栅长×栅宽为 5mm×3mm，电阻为 120Ω，最大微应变为 20000με。布置应变片前，在测点位置用打磨机打磨，砂纸抛光，之后用酒精棉球擦拭以去除表面杂质，待表面干燥后粘贴应变片并用硅橡胶密封。组合柱的测点布置如图 3-6(b)所示。

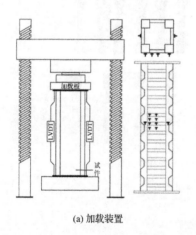

(a) 加载装置　　　　　　　　　　　　　　(b) 测点布置

图 3-6　加载装置及测点布置

3.4　试验现象

各试件的破坏过程相似：在加载初期，检测到的截面应变和轴向位移均随荷载的增加呈线性增长,钢管、波纹钢板均未发生屈曲,钢管与侧板间的焊缝保持完好;试件进入弹塑性阶段后,应变和轴向压缩变形的增长速度加快,随着荷载的增加,在某一不利位置(如靠近端部效应影响区域、钢管厚度不均匀处)首先发生局部鼓曲。一般情况下,钢管先于波纹钢板发生屈服,随着荷载的进一步增加,试件发生剪切性破坏,最终以波纹钢板局部拉断或轴向压缩变形过大标志着试件完全破坏。

3.4.1   试件 CFHCST-1

对于 CFHCST-1,当轴向荷载增至 3500kN 时,钢管处于弹性阶段,试件表面无明显变化;当轴向荷载达到 4374kN($90\%N_u$,N_u 为试件峰值荷载)时,钢管进入弹塑性阶段,正面柱中角部方钢管首先出现轻微鼓曲;当轴向荷载达到 4470kN 时,试件背面钢管柱中也开始出现鼓曲;当轴向荷载加至 4860kN 时,试件柱中出现明显局部屈曲,荷载达到峰值;当轴向位移加载至 13.05mm(荷载为 3813kN)时,试件正面柱中钢管鼓曲首先向中部波纹钢板发展,波纹钢板出现轻微鼓曲;随着轴向位移进一步加载至 15.06mm(荷载为 3651kN),试件柱中四面波纹钢板均出现明显鼓曲,承载力下降至峰值荷载的 85%,停止加载。图 3-7 为试件 CFHCST-1 的破坏过程。

图 3-7   试件 CFHCST-1 的破坏过程

3.4.2   试件 CFHCST-2

对于 CFHCST-2,当轴向荷载增至 1792kN 时,由检测到的荷载–位移曲线可知,试件进入弹塑性阶段,试件表面无明显变化;当轴向荷载增至 2990kN 时,正面钢管顶部首先出现局部屈曲，但波纹钢板仍未发生明显变形，钢管与波纹钢板焊缝依然完好；当轴向位移加载至 3.74mm（荷载为 3678kN）时，试件达到峰值荷载，正面钢管中部出现轻微鼓曲，可听到混凝土持续压碎声；当轴向位移进一步加载至6.49mm（荷载为 2843kN）时，四角钢管柱中均明显鼓曲，正面柱中鼓曲向中间波纹钢板发展，波纹钢板出现局部屈曲；当轴向位移达到 8.88mm（荷载为 2542kN）时，波纹钢板鼓曲明显，试件承载力下降至峰值荷载的 85％，停止加载。图 3-8 为试件CFHCST-2 的破坏过程。

图 3-8　试件 CFHCST-2 的破坏过程

3.4.3　CFHCST-3 试件

对于 CFHCST-3，在加载初期，荷载-位移曲线稳定上升，当轴向荷载加载至5261kN（90％N_u）时，试件开始进入弹塑性阶段，此时试件表面仍无明显变化；当轴向位移加载至 4.56mm（荷载为 5559kN）时，侧面柱中钢管首先出现局部屈曲，随着荷载增大，鼓曲进一步发展；当轴向位移进一步加载至 5.73mm（荷载为6150kN）时，试件达到峰值荷载，侧面波纹钢板出现轻微鼓曲，此时侧面柱底钢管也开始出现局部屈曲；随着轴向位移进一步增大，鼓曲逐渐由端部向中部发展，当轴向位移加载至 10.22mm（荷载为 5252kN）时，侧面柱顶及柱中波纹钢板鼓曲明显；当轴向位移加载至 23.21mm（荷载为 4713kN）时，柱中四面中下部均有明显局部屈曲，侧面柱底波纹钢板被拉断，停止加载。图 3-9 为试件 CFHCST-3 的破坏过程。

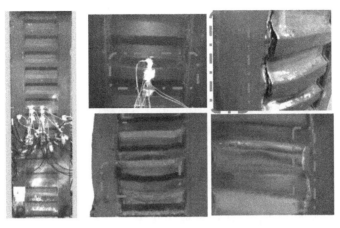

图 3-9　试件 CFHCST-3 的破坏过程

3.4.4　试件 CFHCST-4

对于 CFHCST-4,当轴向荷载增至 4203kN 时,由检测到的荷载-位移曲线可知,试件已经不再处于弹性阶段,正面左侧及背面柱脚钢管首先出现轻微鼓曲;随着轴向荷载增加到 4472kN,试件达到峰值荷载,正面左侧及背面柱中钢管也出现轻微鼓曲,另一侧柱顶钢管出现局部屈曲;随着轴向荷载进一步增大,柱中钢管鼓曲加剧并向中间波纹钢板发展;当轴向位移加载至 9.81mm(荷载为 3427kN)时,正面柱中鼓曲明显;当轴向位移加载至 13.22mm(荷载为 3000kN)时,组合柱中部四面波纹钢板均出现明显鼓曲,试件轴向压缩变形过大,停止加载。图 3-10 为试件 CFHCST-4 的破坏过程。

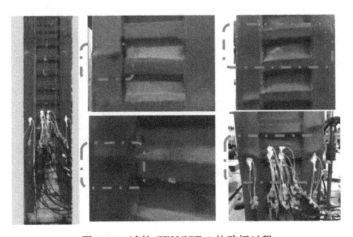

图 3-10　试件 CFHCST-4 的破坏过程

3.4.5 试件 CFHCST-5

对于 CFHCST-5，当轴向荷载增至 6902kN 时，检测到的荷载-位移曲线斜率开始降低，试件进入弹塑性阶段，正面柱中钢管出现轻微鼓曲；随着轴向荷载增加到 7056kN，试件达到峰值荷载，正面柱中钢管鼓曲加剧并向中间波纹钢板发展，柱中波纹钢板出现轻微鼓曲；当轴向位移加载至 6.44mm（荷载为 5385kN）时，正面及背面柱中波纹钢板出现明显局部屈曲；随着轴向位移进一步加载至 8.31mm（荷载为 4459kN），正面钢管鼓曲加剧，左侧上部波纹钢板出现轻微鼓曲；当轴向位移加载至 10.53mm（荷载为 3934kN）时，正面中上部波纹钢板出现明显鼓曲，右侧波纹钢板出现明显剪切变形，试件承载力下降至峰值荷载的 85%，停止加载。图 3-11 为试件 CFHCST-5 的破坏过程。

图 3-11　试件 CFHCST-5 的破坏过程

3.4.6 试件 CFHCST-6

对于 CFHCST-6，当轴向位移增至 5.21mm（荷载为 3985kN）时，柱中方钢管出现了轻微鼓曲；当轴向位移加载至 6.20mm（荷载为 4380kN）时，试件达到峰值荷载，柱中方钢管及波纹钢板鼓曲明显；当轴向位移加载至 8.24mm 时，轴向荷载对应峰值荷载的约 85%，试件出现破坏，加载结束。试件 CFHCST-6 的破坏形态如图 3-12 所示，破坏位置处方钢管出现了严重鼓曲，波纹钢板发生了撕裂破坏，混凝土被压碎，并产生了 45°角的斜裂缝。

3.4.7 试件 CFHCST-7

CFHCST-7 呈现了与 CFHCST-6 类似的破坏形态，如图 3-13 所示。此试件厚宽比较大，相较于试件 CFHCST-6，后发生屈曲。由于试件 CFHCST-7 在浇筑过程中出现了粗骨料下沉，且试验时与浇筑时相比是倒置的，故其破坏位置集中在柱下端 1/3 处。

3.4.8　试件 CFHCST-8

　　CFHCST-8 呈现了与 CFHCST-6 类似的破坏形态,如图 3-14 所示。此试件厚宽比较大,相较于试件 CFHCST-6,后发生屈曲。CFHCST-8 的破坏位置基本位于柱中。

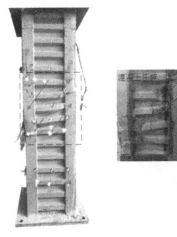

图 3-12　试件 CFHCST-6 的破坏形态　　　　图 3-13　试件 CFHCST-7 的破坏形态

图 3-14　试件 CFHCST-8 的破坏形态

3.4.9 试件 CFHCST-9

对于 CFHCST-9，在加载初期，荷载–位移曲线呈线性增长；当轴向荷载加载至极限荷载的 75%～85% 时，曲线斜率逐渐减小，试件开始进入弹塑性阶段，此时四肢方钢管已经达到屈服强度；当轴向荷载达到极限荷载时，试件外表面依然无明显变化；极限荷载过后，由于试件内部核心混凝土的微裂缝开展，轴向荷载出现缓慢下降，当轴向荷载缓慢下降到极限荷载的 80% 时，试件中上部方钢管和波纹钢板均出现轻微屈曲；当轴向位移加载至约 6mm 时，原屈曲部位鼓曲明显；当轴向位移继续加载至约 25mm 时，试件中上部波纹钢板撕裂，混凝土压碎，承载力急剧下降，试件破坏。图 3-15 为试件 CFHCST-9 的破坏过程。

图 3-15　试件 CFHCST-9 的破坏过程

3.4.10 试件 CFHCST-10

对于 CFHCST-10，在加载初期，荷载–位移曲线呈线性增长；当轴向荷载加载至极限荷载的 75%～85% 时，随着曲线斜率的减小，试件开始进入弹塑性阶段，此时四肢方钢管已经达到屈服强度；当轴向荷载达到极限荷载时，试件外表面依然无明显变化；极限荷载过后，轴向荷载出现缓慢下降，当轴向荷载缓慢下降到极限荷载的 86% 时，试件中上部方钢管和波纹钢板均出现轻微屈曲；当轴向位移继续加载至约 22mm 时，试件中部方钢管撕裂，混凝土压碎，承载力急剧下降，试件破坏。图 3-16 为试件 CFHCST-10 的破坏过程。

图 3-16　试件 CFHCST-10 的破坏过程

3.4.11　试件 CFHCST-11

对于 CFHCST-11,在加载初期,荷载-位移曲线稳定上升;当轴向荷载加载至极限荷载的 75%～85% 时,随着曲线斜率的减小,试件开始进入弹塑性阶段,此时四肢方钢管已经达到屈服强度;当轴向荷载达到极限荷载时,试件外表面依然无明显变化;极限荷载过后,轴向荷载出现缓慢下降,当轴向荷载缓慢下降到极限荷载的 90% 时,试件中下部方钢管和波纹钢板均出现轻微屈曲;当轴向位移继续加载至约 20mm 时,试件中下部方钢管角部出现撕裂,混凝土压碎,承载力急剧下降,试件破坏。图 3-17 为试件 CFHCST-11 的破坏过程。

图 3-17　试件 CFHCST-11 的破坏过程

3.5　试验结果分析

3.5.1　荷载-位移曲线

3.5.1.1　试件 CFHCST-1～CFHCST-5

试件 CFHCST-1～CFHCST-5 的荷载-位移曲线如图 3-18(a)与图 3-18(b)所示,从图中可看出以下几点。

(1)方钢管屈服点的出现均明显早于波纹钢板屈曲和试件峰值点,方钢管屈服后,组合柱承载力持续上升,试件仍有良好的抗压性,刚度略微下降,方钢管材料性质得到充分利用。不同试件的方钢管几乎在同一时刻达到屈服强度,说明组合柱截面尺寸的变化对方钢管承载力影响较弱,相同截面的四角方钢管混凝土柱所提供的承载力较为稳定。

(2)方钢管局部屈服后,方钢管所承担的轴向压力转向内、外混凝土,由于波纹钢板几乎不传递竖向荷载,故波纹钢板和方钢管组成的多腔体约束效应逐渐增强,核心混凝土在波纹钢板及方钢管的约束下充分发挥了混凝土的抗压能力。

(3)方钢管与波纹钢板出现局部屈曲的时间相近,表明在波纹钢板与方钢管的共同约束下,混凝土性能得到改善,各部分具有良好的变形协调能力。组合柱承载力达到峰值后,承载力逐步下降,表现出良好的延性。对比 CFHCST-1 和 CFHCST-2,CFHCST-1 承载力提高 32.17%,峰值荷载位移增加 40.4%,CFH-CST-2 的弹性刚度明显小于 CFHCST-1,CFHCST-2 的方钢管较早达到屈服强度,且方钢管屈服后承载力明显下降;对比 CFHCST-1 和 CFHCST-3,CFH-CST-3 截面含钢率增加 1.92%,承载力提高 36%,弹性刚度无明显变化,表明方钢管壁厚对组合柱承载力影响较大,方钢管壁厚的提升可以减缓组合柱的刚度退化,提高组合柱延性,如图 3-18(a)所示。图 3-18(b)对比了不同组合柱截面尺寸的试件荷载-位移曲线,对比 CFHCST-1 和 CFHCST-2,核心混凝土截面尺寸增大 37.5%,承载力提高 55%,说明在方钢管截面尺寸不变的情况下,随着截面尺寸的增大,试件承载力大幅提高,但延性和局部稳定性有明显降低。

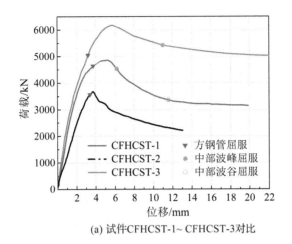

(a) 试件CFHCST-1~ CFHCST-3对比

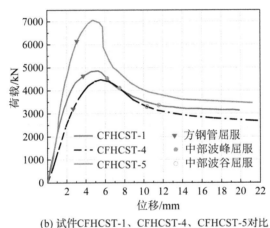

(b) 试件CFHCST-1、CFHCST-4、CFHCST-5对比

图 3-18　荷载-位移曲线对比(1)

3.5.1.2　试件 CFHCST-6～CFHCST-8

试件 CFHCST-6～CFHCST-8 的荷载-位移曲线如图 3-18(c)所示,从图中可看出,各构件在轴压下发生位移的过程可以划分为四个阶段。

(1)OA 段:加载初期,只有弹性变形,曲线基本呈一条直线。

(2)AB 段:OA 段后,受到约束的混凝土表现出非线性变形特性,荷载增大,曲线的斜率逐渐减小,斜率减小至 0 时达到峰值荷载。

(3)BC 段:由于方钢管及波纹钢板的鼓曲,承载力开始减小,曲线进入下降段,但下降较慢,试件表现出良好的变形能力。

(4)CD 段:曲线下降段出现拐点,过拐点后,曲线由凸变凹;此阶段中,方钢管和波纹钢板纷纷鼓起,试件变形较大。

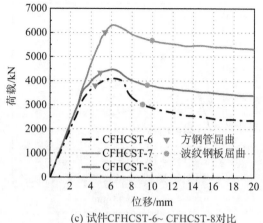

(c) 试件CFHCST-6~CFHCST-8对比

图3-18 荷载–位移曲线对比(2)

3.5.1.3 试件 CFHCST-9~CFHCST-11

试件 CFHCST-9~CFHCST-11 的荷载–位移曲线如图 3-18(d)所示,从图中可以看出以下几点。

(1)在试件达到峰值荷载之前,外部方钢管就已经出现局部屈曲,且试件外部多腔体钢管的局部屈曲在峰值荷载后才出现,表明波纹钢板与四肢方钢管组成的多腔体相比于普通方钢管具有较强的局部稳定性。

(2)试件 CFHCST 相比于试件 CFST,峰值荷载提高了 33%,峰值应变提高了28%,表明试件 CFHCST 具有较高的轴压承载力和良好的变形性能。

(3)随着径宽比的增大,试件的承载力逐渐增加,但局部稳定性逐渐降低。

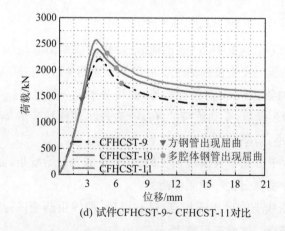

(d) 试件CFHCST-9~CFHCST-11对比

图 3-18 荷载–位移曲线对比(3)

3.5.2 钢管的荷载-应变曲线

提取试件 CFHCST-1、CFHCST-4、CFHCST-5 四角方钢管的横向应变、纵向应变应变数据,绘制如图 3-19 所示的荷载-应变曲线,可以发现不同试件的方钢管均呈现出横向为拉应变、纵向为压应变的趋势,在达到峰值荷载之前,其横、纵向应变均基本达到屈服应变,且横、纵向应变发展速度较为接近,说明方钢管不仅起到对钢管内混凝土的约束作用,还承担部分轴向荷载。这与普通钢管混凝土柱钢管的应变发展规律基本相同,说明在承载力计算中,可将四角方钢管及钢管内混凝土等效为钢管混凝土柱,由于受到波纹钢板及核心混凝土的约束,计算过程中可忽略钢管长细比的影响。

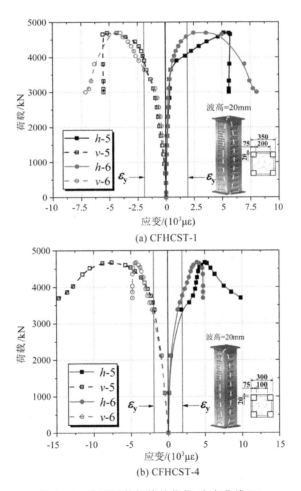

(a) CFHCST-1

(b) CFHCST-4

图 3-19　典型试件钢管的荷载-应变曲线(1)

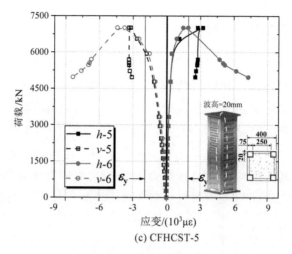

图 3-19   典型试件钢管的荷载-应变曲线（2）

3.5.3   波纹钢板的荷载-应变曲线

为了更加清晰地了解波纹钢板-钢管混凝土组合柱的波峰、波谷、波腹部分的变形情况及波纹钢板对核心混凝土的约束作用，以试件 CFHCST-1～CFHCST-5 为例，提取组合柱中部波纹钢板一个循环的纵向和横向应变，分析得到以下结论。

CFHCST-1 在波峰、上波腹、波谷和下波腹的荷载-应变曲线及其横向应变与纵向应变如图 3-20(a)所示。由图可看出，在加载初期，试件在轴向压力作用下，混凝土受力略微膨胀，波纹钢板处于受拉状态，横向应变均为正值；试件达到峰值荷载后，横向应变仍然增大，说明核心混凝土在波纹钢板约束下可继续承受轴压力，核心混凝土裂缝不断发展，向外膨胀，波纹钢板向外鼓曲，此时波峰横向应力最大，上波腹及下波腹横向应力相近，波谷处最小，波纹钢板波峰对核心混凝土的约束效应最强。波谷和下波腹的竖向应变始终为负，而上波腹和波谷的纵向应变为正，且波峰纵向应力在试件达到峰值点后有回缩的趋势，这是因为试件在轴压作用下纵向收缩，前期混凝土处于略微膨胀状态，峰值点后核心混凝土被压碎膨胀，使得破坏处的波纹钢板双向受拉。

CFHCST-2 在波峰、上波腹、波谷和下波腹的横向应变及纵向应变的发展规律与 CFHCST-1 相似，但由于方钢管中空，过早发生屈曲，当达到峰值荷载时，波纹钢板的应变远小于同截面的组合柱，核心混凝土无法发挥良好的抗压强度，很快被压碎，波峰处纵向应力大于横向应力，如图 3-20(b)所示。

CFHCST-3 波峰的横向及纵向应变在试件受压的全过程均为正值,并随荷载增加而增大,达到峰值荷载时,波峰横向应力与 CFHCST-1 波峰横向应力数值相近,峰值荷载后,横线应变随荷载增大发展较为缓慢,如图 3-20(c)所示。

试件达到峰值荷载时,CFHCST-4 在波峰、上波腹、波谷和下波腹的横向应变均为正值,波峰及波腹均处于双向受拉状态,随着试验荷载的增加,波纹钢板的横向应力快速增大,如图 3-20(d)所示。

CFHCST-5 在波峰、上波腹、波谷和下波腹的横向应变在加载初期随荷载增加而增大,在试件达到峰值荷载之前,下波腹的横向应力始终为负,这可能是同一截面处的钢管鼓曲带来的影响,由于试件破坏截面在柱顶,柱中截面的荷载–应变曲线发展较小,如图 3-20(e)所示。

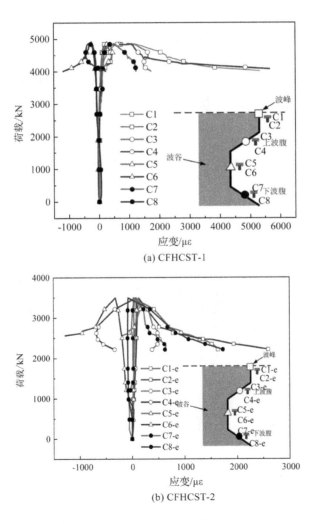

(a) CFHCST-1

(b) CFHCST-2

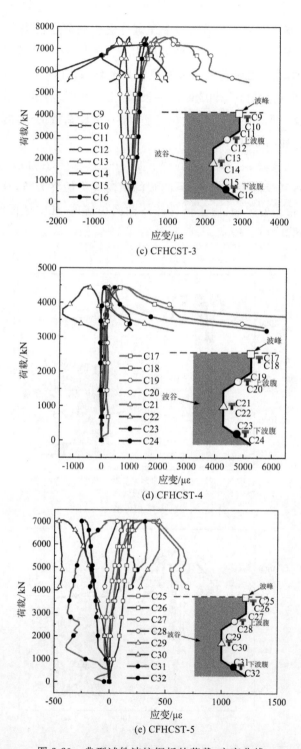

图 3-20 典型试件波纹钢板的荷载-应变曲线

3.5.4　波纹钢板的荷载-应力曲线

为了进一步分析波纹钢板对核心混凝土的约束作用,下面提取柱中三面波纹钢板的波峰、上波腹、波谷及下波腹的横向应变与纵向应变的平均值,并根据应力-应变关系得到波纹钢板的荷载-应力曲线。先拟定钢材基于以下几点的基本假设。

(1)各截面混凝土的纵向应变沿高度方向均匀相等。

(2)忽略应变非协调区钢管与混凝土间的黏结作用,认为在加载初期钢管与混凝土间就存在相对滑动。

(3)钢管单向应力-应变关系如下式:

$$\sigma_s = \begin{cases} E_s\varepsilon, & \varepsilon \leqslant \varepsilon_y \\ f_y, & \varepsilon > \varepsilon_y \end{cases} \tag{3-1}$$

式中,f_y 为钢材屈服强度;ε_y 为钢材对应屈服应变;E_s 为钢材的弹性模量。

(4)钢管处于平面应力状态,忽略法向应力对钢管的影响。

(5)钢管应力沿厚度方向均匀分布,当计算截面为钢管端截面时,钢材处于单向受力状态,钢管应力可通过公式(3-2)计算得到,当计算界面为钢管临界截面时,钢材处于平面应力状态,当钢材处于弹性阶段时,钢材的应力-应变关系符合胡克定律[13]:

$$\begin{bmatrix} \sigma_{sh} \\ \sigma_{sv} \end{bmatrix} = \frac{E_s}{1-\nu_s^2} \begin{bmatrix} 1 & \nu_s \\ \nu_s & 1 \end{bmatrix} \begin{bmatrix} \varepsilon_{sh} \\ \varepsilon_{sv} \end{bmatrix} \tag{3-2}$$

式中,σ_{sh}、σ_{sv} 为波纹钢板的横、纵向应力;ε_{sh}、ε_{sv} 为波纹钢板的横、纵向应变;ν_s 为钢材的泊松比。

(6)当钢材处于塑性阶段时,采用普朗特-罗伊期(Prandtl-Reuss)模型[14]计算应力增量,得到钢材当前的应力状态:

$$\begin{bmatrix} \mathrm{d}\sigma_{sh} \\ \mathrm{d}\sigma_{sv} \end{bmatrix} = \left\{ \frac{E_s}{1-\nu_s^2} \begin{bmatrix} 1 & \nu_s \\ \nu_s & 1 \end{bmatrix} - \frac{1}{S} \begin{bmatrix} t_h^2 & t_h t_v \\ t_h t_v & t_v^2 \end{bmatrix} \right\} \begin{bmatrix} \mathrm{d}\varepsilon_{sh} \\ \mathrm{d}\varepsilon_{sv} \end{bmatrix} \tag{3-3}$$

$$\begin{bmatrix} t_h \\ t_v \end{bmatrix} = \frac{E_s}{1-\nu_s^2} \begin{bmatrix} 1 & \nu_s \\ \nu_s & 1 \end{bmatrix} \begin{bmatrix} S_h \\ S_v \end{bmatrix} \tag{3-4}$$

$$S = t_h S_h + t_v S_v \tag{3-5}$$

$$S_h = \sigma_{sh} - \frac{1}{3}(\sigma_{sh} + \sigma_{sv}) \tag{3-6}$$

$$S_v = \sigma_{sv} - \frac{1}{3}(\sigma_{sh} + \sigma_{sv}) \tag{3-7}$$

式中,$\mathrm{d}\sigma_{sh}$、$\mathrm{d}\sigma_{sv}$ 为波纹钢板的横、纵向应力增量;$\mathrm{d}\varepsilon_{sh}$、$\mathrm{d}\varepsilon_{sv}$ 为波纹钢板的横、纵向应变增量。

基于上述模型，可通过 MATLAB 软件换算得到波纹钢板的应力值，波纹钢板荷载-横向应力如图 3-21 所示。

由图 3-21(a)可以看出，在加载初期，CFHCST-1 柱中的截面波峰、上波腹、波谷及下波腹横向应力均为正值，且均随轴向荷载的增加而增大。当试件达到峰值荷载后，波峰及上波腹的横向应力仍持续增大，对核心混凝土提供了良好的约束；下波腹横向应力呈下降趋势，这是由于组合柱在轴向荷载作用下，核心混凝土被压缩，下波腹约束区混凝土有与波纹钢板脱开的趋势，下波腹无法发挥较好的约束；波谷横向应力在试件达到峰值荷载后呈负值，由于波纹钢板的受力特点，波谷更易被压缩，无法对核心区混凝土提供良好约束。

由图 3-21(b)可以看出，在加载初期，CFHCST-3 波纹钢板的横向应力发展与 CFHCST-1 类似，符合波峰横向应力最大、波谷横向应力最小的特点；当试件达到峰值荷载时，波峰的横向应力与 CFHCST-1 的数值相近。当试件达到峰值荷载后，核心混凝土被压碎，波峰及波谷横向应变继续增大，混凝土非均质的特性破坏了断面的随机性，且裂缝开展使得影响范围也较大，混凝土破坏区波纹钢板横向均属于受拉状态。

由图 3-21(c)可以看出，在加载初期，CFHCST-4 柱中的截面波峰、上波腹、波谷及下波腹横向应力发展与 CFHCST-1 和 CFHCST-3 类似，随着试验荷载的增加，波峰的横向应力稳步增大，对核心混凝土持续提供约束。当试件达到峰值荷载后，核心混凝土被压碎向外膨胀，破坏区波纹钢板横向应力为正。

由图 3-21(d)可以看出，弹性阶段，波纹钢板横向应力发展符合规律，但随着试验加载进行，试件达到峰值荷载，核心混凝土被压碎，波纹钢板横向应力远小于其他组合柱，由于 CFHCST-5 的破坏截面位于柱顶，柱中截面混凝土膨胀并不明显。

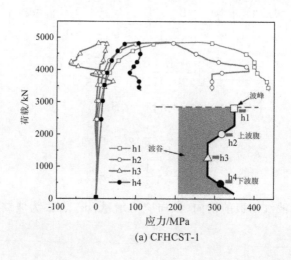

(a) CFHCST-1

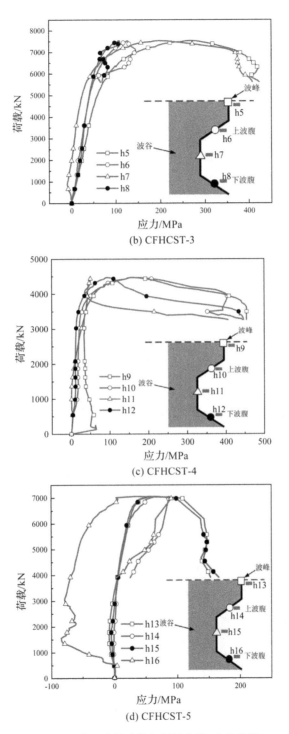

图 3-21　典型试件波纹钢板的荷载-应力曲线

结合分析波纹钢板不同位置处的荷载-应变曲线及荷载-应力曲线可知,波纹钢板由于其梯形波折形式,受轴压力时受力特点如图 3-22 所示。当组合柱受压时,波谷更易受压,在方钢管约束下产生的向内推力 n_1 与核心混凝土向外膨胀产生的相互作用力 n_2 相抵,横向应变及拉应力较小;而波峰向外运动的趋势转化为向外推力 n_1,波峰约束处混凝土向外膨胀对波纹钢板产生相互作用力 n_2,波峰处产生较大的横向拉应力。

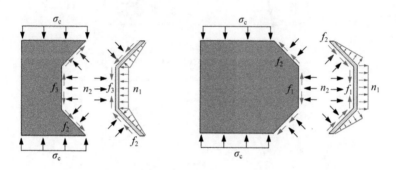

图 3-22 波纹钢板受力简图

3.5.5 柱中截面荷载、应变及横向变形系数共图分析

柱中截面波纹钢板的波峰和方钢管的横向应变、纵向应变与轴向位移如图 3-23 所示,其中,ε_h、ε_v、υ_s 为柱中截面方钢管横向应变、纵向应变及横向变形系数,ε_{ch}、ε_{cv} 为柱中截面波纹钢板波峰位置的横向应变和纵向应变。从图中可以看出,在加载初期,荷载-应变曲线随荷载增大而成比例增长,当轴向荷载加载至峰值荷载的 80% 左右时,方钢管的荷载-横向应变及荷载-纵向应变和波纹钢板的荷载-横向应变及荷载-纵向应变曲线均出现拐点,说明方钢管和波纹钢板具有良好的变形协调能力,方钢管的纵向应变及横向应变均达到屈服应变,材料强度得到充分发挥。随着轴向荷载不断增加,方钢管横向变形系数不断增大,波纹钢板及方钢管的横向应力也持续上升,波纹钢板及方钢管对混凝土的约束作用增强。在加载全过程中,波纹钢板的纵向应力均小于 $500\mu\varepsilon$,几乎不承担纵向荷载。

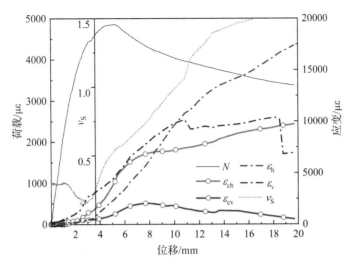

图 3-23　荷载、应变及横向变形系数与纵向变形的关系

3.5.6　承载力提高系数及延性系数

为评价钢管、波纹钢板以及混凝土三者之间的组合作用,引用承载力提高系数(I_s)[15],其表达式为:

$$I_s = N_{ue}/(f_c A_{cc} + f_c A_{sc} + f_{ys} A_s) \tag{3-8}$$

式中,N_{ue} 为试件轴压承载力;A_{cc} 为波纹钢板内混凝土净截面积;A_{sc} 为方钢管内混凝土截面积;A_s 为方钢管截面积;f_c 为混凝土轴心抗压强度;f_{ys} 为方钢管屈服强度。

定义延性系数 DI 为试件荷载-纵向应变曲线下降段 $0.85N_u$ 处对应的纵向应变 $\varepsilon_{0.85}$ 与峰值应变 ε_u 的比值[16],可用公式(3-9)表示:

$$DI = \frac{\varepsilon_{0.85}}{\varepsilon_u} \tag{3-9}$$

各试件的承载力提高系数及延性系数见表 3-4。

表 3-4　各试件的承载力提高系数及延性系数

试件	峰值荷载/kN	承载力提高系数	延性系数
CFHCST-1	4860	1.06	1.47
CFHCST-2	3677	0.86	1.39
CFHCST-3	6152	1.32	2.71
CFHCST-4	4472	1.23	1.50

续表

试件	峰值荷载/kN	承载力提高系数	延性系数
CFHCST-5	7056	1.25	1.23
CFHCST-6	4380	1.09	2.19
CFHCST-7	6335	1.24	2.47
CFHCST-8	4531	1.13	2.91
CFHCST-9	2212	1.21	1.49
CFHCST-10	2399	1.19	1.52
CFHCST-11	2573	1.18	1.57

试件 CFHCST-1 和 CFHCST-3 的承载力提高系数分别为 1.06 和 1.32，即相同组合柱截面尺寸下，方钢管壁厚的增大可有效提高混凝土抗压强度。对比试件 CFHCST-1、CFHCST-4、CFHCST-5，承载力提高系数先下降后上升，说明在一定范围内，组合柱截面尺寸的增大不利于充分发挥方钢管、波纹钢板和核心混凝土的组合作用。对比试件 CFHCST-1 和 CFHCST-3，截面含钢率增加 1.92%，承载力提高了 26.5%，延性系数提高了 84%；对比 CFHCST-1 和 CFHCST-5，截面含钢率增加 0.21%，承载力提升了 45.2%，延性下降了 16%，说明方钢管用钢量的提升可以有效提高组合柱的稳定性。

试件 CFHCST-6、CFHCST-7 和 CFHCST-8 的承载力提高系数分别为 1.09、1.24、1.13，均大于 1，说明方钢管、波纹钢板、混凝土三者经过此类柱的结构形式组合后，极限承载力大于材料承载力的叠加。此外，方钢管厚度、波纹钢板厚度增大，承载力提高系数也增大，说明当厚宽度增大时，方钢管、波纹钢板对混凝土的约束效果更好。与试件 CFHCST-6 相比，试件 CFHCST-7、CFHCST-8 的延性系数分别提高了 12.79%、32.88%，说明随着方钢管厚度、波纹钢板厚度增大，试件延性有所提高，且这一优势在波纹钢板厚度变化中尤为明显。

试件 CFHCST-9、CFHCST-10、CFHCST-11 的承载力提高系数分别为 1.210、1.196、1.186，说明随着径宽比的增大，试件的承载力提高系数逐渐减小。这是因为随着径宽比增大，波纹钢板约束混凝土的截面积减小，组合柱更接近钢管混凝土柱。与试件 CFHCST-9 相比，试件 CFHCST-10、CFHCST-11 的延性系数分别提高了 2.0%、5.4%，说明随着径宽比的增大，试件的含钢率逐渐增加，试件延性有所提高。

3.6　有限元模拟

3.6.1　有限元建模

本书基于有限元软件 ABAQUS 对试件 CFHCST 的数值进行分析建模,详细介绍了试件 CFHCST 模型的建立过程,并利用试验结果验证了模型的准确性。为研究试件 CFHCST 的受力机理,书中以典型试件为例,从各部件的荷载-纵向应变曲线、各钢材组分的应力-应变曲线及混凝土的纵向应力分布规律等方面开展分析,同时评价不同参数对其承载力、延性及承载力提高系数的影响。

采用有限元软件 ABAQUS 对试件 CFHCST 进行轴压模拟的关键在于以下五个方面。

(1)试件 CFHCST 的模型尺寸要与实际相吻合。

(2)选取合理的单元类型和恰当的网格尺寸。

(3)选择恰当的接触类型、边界条件及加载方式。

(4)选取合适的钢材和混凝土的本构模型。

(5)选取合理的混凝土塑性损伤模型参数。

3.6.1.1　单元类型与网格划分

选取合理的单元类型及恰当的网格尺寸是有限元前处理的关键步骤。在本书建立的 CFHCST 模型中,共有横肋波纹钢板、方钢管、方钢管内混凝土及核心混凝土四个部件。其中,方钢管与横肋波纹钢板均采用四节点壳单元(S4R)模拟,方钢管内混凝土与核心混凝土均采用八节点实体单元(C3D8R)模拟。

采用有限元软件 ABAQUS 分析 CFHCST 模型时,网格划分尺寸对 CFHCST 模型的计算精度和收敛性有严重的影响。如果网格划分的尺寸过于粗糙,模型计算结果的精度会严重降低;如果网格划分的尺寸过于精细,则将耗费过多的计算时间,容易造成计算机资源的浪费和模型计算不收敛。因此,对不同网格尺寸大小的模型进行试算以确定恰当的网格尺寸是十分必要的。应先在参考其他学者成果的基础上,对 CFHCST 模型进行较为合理的网格划分并计算,然后对网格尺寸进一步细化并计算,若两者的计算结果区别不大,则初始的网格尺寸可满足要求。我们对 CFHCST 模型进行多次网格划分并试算后,从计算精度和 CFHCST 模型的收敛性考虑,最终确定 CFHCST 模型的网格尺寸为 10mm。CFHCST 模型的网格划分结果如图 3-24 所示。

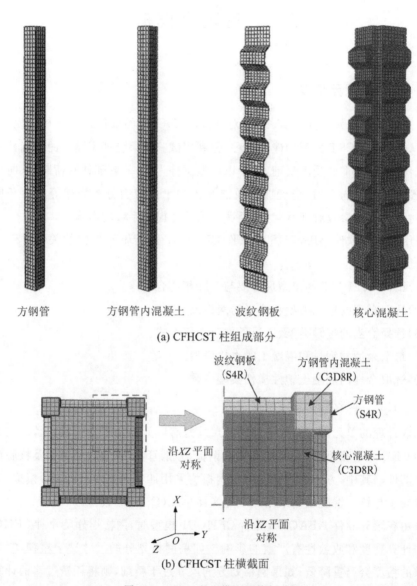

<table>
<tr><td>方钢管</td><td>方钢管内混凝土</td><td>波纹钢板</td><td>核心混凝土</td></tr>
</table>

(a) CFHCST 柱组成部分

(b) CFHCST 柱横截面

图 3-24　CFHCST 模型网格划分图

3.6.1.2　接触类型

在 CFHCST 模型中,小腔内混凝土和大腔内混凝土分别主要由方钢管和波纹钢板外包。为精确模拟钢材与混凝土之间的相互作用关系,本书采用考虑摩擦的表面与表面接触方式,其中接触面方向包含切向与法向。方钢管与方钢管内混凝土的接触面法线方向采用硬接触,接触面切线方向采用库伦摩擦模型,摩擦系数参考文献[21]取为 0.6。波纹钢板与核心混凝土的接触面法线方向采用硬接触,接触面切线方向采用库伦摩擦模型,文献[79]利用有限元软件 ABAQUS 探究不同摩擦系数对波纹钢管与混凝土相互作用的影响,表明影响两者相互作用的主要因素是两者间的机械咬合力而非摩擦阻力。文献[66]对钢材与混凝土之间的界面摩擦性能进行了研究,结果表明,摩擦系数的合理取值在 0.2～0.6,经过对三个 CFHCST 模型试算并与试验结果对比发现,将波纹钢板与混凝土之间的摩擦系数取为 0.2 时,有限元分析结果与试验结果更为接近。

3.6.1.3　边界条件和加载方式

在 CFHCST 模型的顶表面和底表面分别设置参考点 RP-1、RP-2,并分别将它们与模型的顶表面和底表面进行耦合,其中,RP-1 限制 X、Y 方向的平动自由度及 X、Y、Z 方向的转动自由度,RP-2 限制 X、Y、Z 方向的平动自由度及转动自由度,计算时采用位移加载,轴向位移施加在 RP-1 上。CFHCST 模型加载如图 3-25 所示。

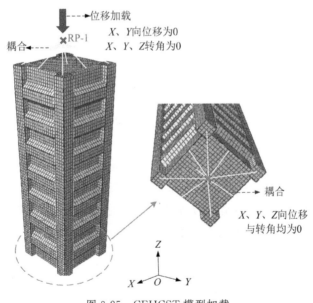

图 3-25　CFHCST 模型加载

3.6.2　本构模型选用

3.6.2.1　混凝土

混凝土采用有限元软件 ABAQUS 提供的混凝土塑性损伤模型时,其受到约束强度提高这一特性可以通过确定屈服面函数来实现，但混凝土塑性性能的改善无法直接通过有限元软件 ABAQUS 来精确模拟。而将约束混凝土本构输入有限元软件 ABAQUS 中可以弥补这一不足，因为约束混凝土本构包含了因钢管对混凝土的约束作用而导致混凝土峰值应变的提高和下降段延性的改善。

基于此，CFHCST 模型中混凝土受压本构关系选取文献[17]建议的约束混凝土受压模型：

$$y=\begin{cases} 2x-x^2, & x\leqslant 1 \\ \dfrac{x}{\beta_0(x-1)^\eta+x}, & x>1 \end{cases} \tag{3-10}$$

$$x=\frac{\varepsilon}{\varepsilon_0} \tag{3-11}$$

$$y=\frac{\sigma}{\sigma_0} \tag{3-12}$$

$$\sigma_0=f_c' \tag{3-13}$$

$$\varepsilon_0=\varepsilon_c+8\times10^{-4}\xi^{0.2} \tag{3-14}$$

$$\varepsilon_c=1.3\times10^{-3}+1.25\times10^{-5}f_c' \tag{3-15}$$

$$\eta=1.6+1.5/x \tag{3-16}$$

$$\beta_0=\frac{(f_c')^{0.1}}{1.2\sqrt{1+\xi}} \tag{3-17}$$

$$f_c'=\left[0.76+0.21\mathrm{g}\left(\frac{f_{cu}}{19.6}\right)\right]f_{cu} \tag{3-18}$$

$$E_c=4730\sqrt{f_c'} \tag{3-19}$$

式中，β_0 为受压混凝土应力-应变曲线下降段的调整参数；η 为曲线形状系数；ε_0、ε 为约束混凝土峰值应变和混凝土应变；σ_0、σ 为约束混凝土应力和混凝土应力；ε_c 为素混凝土峰值应变；ξ 为套箍系数；f_c' 为混凝土圆柱体抗压强度，其计算方法参考文献[18]；E_c 为混凝土的弹性模量，其计算方法参考文献[19]。

混凝土受拉本构关系选取文献[20]建议的模型：

$$f_t=0.26f_{cu}^{2/3} \tag{3-20}$$

$$\varepsilon_t=6.5\times10^{-5}f_t^{0.54} \tag{3-21}$$

$$\varepsilon_{tu}=25\varepsilon_t \tag{3-22}$$

式中，f_t 为混凝土抗拉强度；f_{cu} 为混凝土立方体抗压强度；ε_t 为混凝土抗拉强度对应的应变；ε_{tu} 为混凝土极限拉应变。

本章采用混凝土塑性损伤模型来模拟波纹钢板-钢管混凝土组合柱的核心混凝土，主要有如下五个参数。

（1）膨胀角 ψ

ψ 用来控制混凝土塑性体积应变大小的重要参数，应当小于等于摩擦角，Zhong 等[21]探究了不同 ψ 对方钢管混凝土柱轴压力学性能的影响，通过测试数据校准了模型中使用的膨胀角并给出了钢管混凝土柱的膨胀角计算公式，参考以上研究，将模型的 ψ 取为 $40°$。

（2）流动势偏移度 ε

流动势偏移度 ε，一般来说是一个较小的正数，ε 描述了双曲流动势曲线与其渐近线之间的关系，当 ε 接近于零时，流动势曲线呈线性变化，ε 采用 ABAQUS 软件中的默认值 0.1。

（3）混凝土双轴抗压强度与单轴抗压强度之比 f_{bo}/f_c'

混凝土双轴抗压强度与单轴抗压强度之比 f_{bo}/f_c' 采用有限元软件 ABAQUS 中的默认值 1.16。

（4）屈服面形状参数 K_c

Zhong 等[21]探究了不同 K_c 对方钢管混凝土柱荷载-纵向应变曲线的影响，研究表明，K_c 对模型的弹性阶段无明显影响。进入弹塑性阶段以后，随着 K_c 的减小，承载力与峰值应变均有轻微的增加。峰值荷载后，随着 K_c 的减小，荷载-纵向应变曲线的下降段趋于平缓。因此，选取合理的 K_c 对增加模型计算精度至关重要。采用 Zhong 等[21]建议的计算公式对 K_c 进行取值，计算公式如下：

$$K_c = \frac{5.5}{5 + 2(f_c')^{0.075}} \tag{3-23}$$

（5）黏性参数 μ

在有限元软件 ABAQUS 的隐性分析程序中，混凝土出现软化或刚度弱化时将导致模型计算难以收敛，而通过调整黏性参数 μ 的大小可在一定程度上解决该类问题。通常来说，黏性参数 μ 越大，模型计算越容易收敛，极限承载力越高，下降段越平缓，但同时也会导致模型的计算精度降低，计算刚度偏大。从计算精度和模型的收敛性综合考虑，本章黏性参数 μ 采用有限元软件 ABAQUS 中的默认值 0.0005。

3.6.2.2　钢材

在本书所建立的有限元分析模型中，波纹钢板与方钢管均采用有限元软件 ABAQUS 提供的各项同性弹塑性模型，应力-应变关系均采用理想弹塑性模型，其本构关系表达式如下：

$$\sigma_s = \begin{cases} E_s\varepsilon, & \varepsilon \leqslant \varepsilon_y \\ f_y, & \varepsilon > \varepsilon_y \end{cases} \tag{3-24}$$

式中，E_s 为钢材的弹性模量；f_y、ε_y 为钢材的屈服强度及对应的屈服应变；ε、σ 为钢材的应力及对应的应变。弹性模量与屈服强度均采用实测值，泊松比取值为 0.3。

3.6.3　有限元模型验证

本节对有限元模型进行可靠性验证，11 根试件的试验结果与模拟结果的荷载-位移曲线对比如图 3-26 所示。由图可以看出，模拟所得的荷载-位移曲线与试验所得的曲线全过程拟合良好，弹性阶段的刚度基本相同，弹性阶段、峰值荷载均吻合得较好。在曲线下降段，某些试件的有限元模拟结果与试验结果不能完全吻合，这是因为有限元模拟时没有考虑波纹钢板及方钢管由于存在初始缺陷等被拉断或出现局部屈服的情况，刚度退化较为理想，这也反映了模拟与试验之间还存在一定误差，但是总体来说，本节所建立的模型已经能较好反映试验的峰值荷载，同时也能说明上述所选材料本构关系的合理性和模型的可行性。表 3-5 列出了各试件轴压承载力试验值与模拟值的比值，平均值为 1.008，标准差为 0.029，总体吻合度较好。

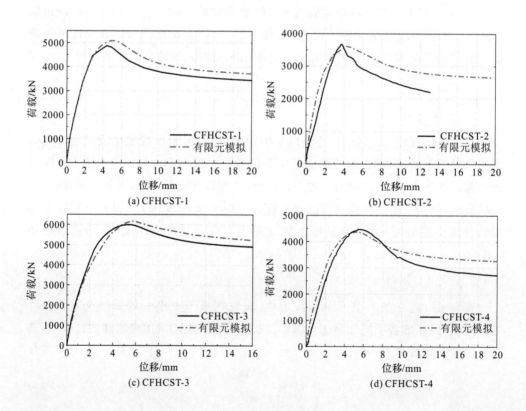

(a) CFHCST-1

(b) CFHCST-2

(c) CFHCST-3

(d) CFHCST-4

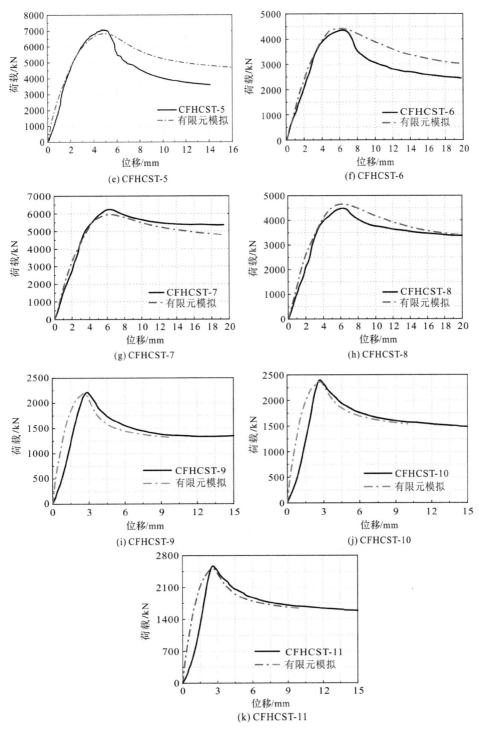

图 3-26 各试件的荷载-位移曲线

表 3-5　有限元模拟值与试验值比较

试件	试验峰值荷载(N_{ue})/kN	有限元模拟峰值荷载(N_{fem})/kN	N_{ue}/N_{fem}
CFHCST-1	4860	5086	0.956
CFHCST-2	3677	3636	1.011
CFHCST-3	6152	5968	1.030
CFHCST-4	4472	4371	1.023
CFHCST-5	7056	6848	1.030
CFHCST-6	4380	4456	0.983
CFHCST-7	6335	6006	1.055
CFHCST-8	4531	4697	0.965
CFHCST-9	2212	2201	1.005
CFHCST-10	2399	2369	1.013
CFHCST-11	2573	2508	1.026
平均值	—	—	1.008
标准差	—	—	0.029

图 3-27(a)为有限元模型在峰值荷载下的米塞斯(Mises)应力云图,可以观察到,四角方钢管的中部和柱顶出现了钢材屈服,这与试验现象保持一致;图 3-27(b)为有限元模型在荷载下降至峰值荷载的 85% 时的 Mises 应力云图,此时四角方钢管基本上达到了屈服强度,而跨中波纹钢板的波峰处也已经屈服,结合试验现象与试件破坏形态可以得知,试验结果与有限元模拟结果的吻合度较高。

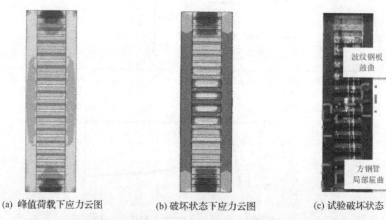

(a) 峰值荷载下应力云图　　　(b) 破坏状态下应力云图　　　(c) 试验破坏状态

图 3-27　波纹钢板-钢管混凝土组合柱有限元与试验破坏状态对比

3.6.4　CFHCST 柱轴压模型的应力分析

本节以 $L=1400\text{mm}$, $B=75\text{mm}$, $b_1=75\text{mm}$, $t_{w1}=3\text{mm}$, $t_{w2}=1.2\text{mm}$, h_r(波纹

钢板的波高)＝20mm,ρ＝3.47％的 CFHCST-1 为典型算例进行应力分析。

为了分析试验中波纹钢板-钢管混凝土组合柱各个阶段材料之间的相互作用,本节提取柱中截面各组分以及试件的荷载-位移曲线,如图 3-28 所示,结合图 3-29 方钢管、波纹钢板波峰应力与荷载-位移曲线对比,从曲线的趋势及各部分材料的受力特征将曲线分为三个阶段。

(1)弹性阶段(OA):组合柱各部分均处于弹性阶段,各部分荷载和纵向变形呈线性相关,组合柱在达到 A 点时,方钢管达到屈服强度,应力发展到比例极限,此时核心混凝土、方钢管及钢管内混凝土提供的承载力占比分别为 63.65％、22.51％和 13.41％。

(2)弹塑性阶段(AB):组合柱开始产生不可恢复的塑性变形,方钢管屈服,其承担的荷载刚度有所下降,承担的轴向压力转向内外混凝土,混凝土不断受压膨胀,方钢管及波纹钢板发挥较强的约束效应,横向应力在此阶段有较大的增长,提高钢管及波纹钢板的屈服应力可以达到提高构件承载力的效果;组合柱在 B 点时达到峰值荷载,此时波纹钢板约束内核心混凝土、方钢管及钢管内混凝土提供的承载力占比分别为 70.38％、14.35％和 14.86％。

(3)下降段(BC):随着荷载不断增大,钢管内部混凝土及核心混凝土被压碎膨胀,荷载开始下降,在 C 点时达到极限承载力的 85％,此时波纹钢板约束内核心混凝土、方钢管及钢管内混凝土提供的承载力占比分别为 69.01％、15.14％和 15.13％,C 点后构件承载力达到稳定状态,组合柱在各部分相互作用下仍然具有一定承载力。

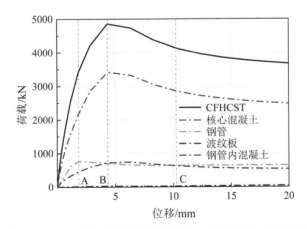

图 3-28　波纹钢板-钢管混凝土组合柱有限元荷载-位移曲线

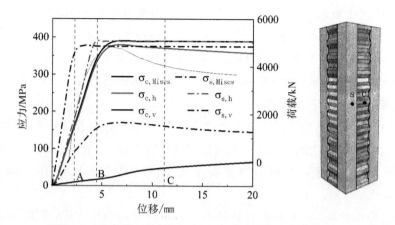

图 3-29　方钢管、波纹钢板波峰应力与荷载-位移曲线对比

3.6.4.1　波纹钢板应力分析

为了分析组合柱受力过程中波纹钢板的受力特点，整理得到柱中截面波纹钢板一组波峰、上波腹、波谷及下波腹应力-荷载曲线，如图 3-30 所示。由图可以看出，波峰、上波腹及下波腹在组合柱加载初期均双向受拉，但波谷处纵向受压，说明荷载沿波纹钢板纵向并不进行传递。当组合柱达到峰值荷载时，波峰、波腹和波谷的横向应力分别达到 $0.75f_{yc}$、$0.73f_{yc}$ 及 $0.58f_{yc}$，说明波峰对核心混凝土的约束效果最强。峰值荷载过后，波纹钢板波峰处首先达到屈服应力，此时波腹及波谷还未屈服，横向应力随荷载加载的继续增长，组合柱表现出较好延性。

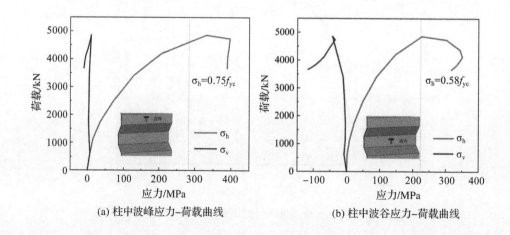

(a) 柱中波峰应力-荷载曲线　　　　　　(b) 柱中波谷应力-荷载曲线

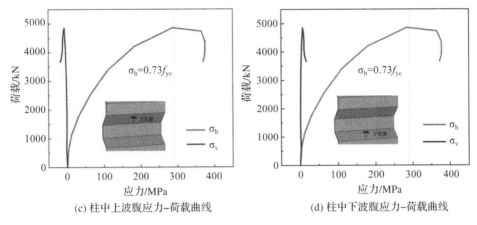

(c) 柱中上波腹应力-荷载曲线　　　　　(d) 柱中下波腹应力-荷载曲线

图 3-30　波纹钢板荷载-应变曲线(有限元)

提取峰值荷载状态下波纹钢板横向应力分布,如图 3-31 所示。此时波纹钢板的波峰、上波腹、波谷及下波腹均处于横向受拉状态,这与试验分析结果相符合,且波纹钢板向应力沿角部至中部方向逐渐递减,但大部分区域应力较为均匀,此时波纹钢板仍处于弹性状态,可在加载后

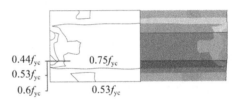

图 3-31　峰值荷载状态下波纹钢板
横向应力分布

期为核心混凝土持续提供良好约束,以保证构件延性。

3.6.4.2　混凝土应力分析

提取不同阶段柱中截面的混凝土纵向应力分布,如图 3-32 所示。为了对比波纹钢板及方钢管对内外混凝土的约束效果,对混凝土纵向应力进行归一化处理。从图 3-32 中可以看出,柱中截面混凝土纵向应力变化情况如下。

在 A 点,组合柱中方钢管屈服,方钢管内混凝土角部出现应力集中,混凝土纵向应力最大为 $1.84f_c$,方钢管阴角边区核心混凝土的纵向应力最大值仅为 $0.61f_c$,方钢管阴角边对核心混凝土的约束作用较弱,核心混凝土纵向应力分布均匀,约为 $0.92f_c$。

在 B 点,组合柱达到峰值荷载,方钢管对内部混凝土约束较强,混凝土平均纵向应力远大于 f_c;波纹钢板对核心混凝土的约束作用从角部至中部逐渐减弱,波峰区域内混凝土纵向应力普遍较小。

组合柱达到 C 点时,荷载下降至峰值荷载的 85%,混凝土被压碎膨胀,在方钢管及波纹钢板约束下仍能承受部分荷载。

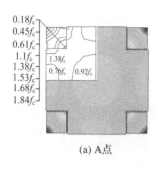
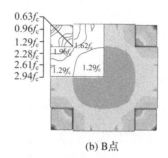
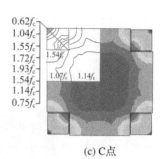

(a) A点　　　　　　　　(b) B点　　　　　　　　(c) C点

图 3-32　混凝土纵向应力分布

3.6.5　参数分析

本节在试验基础上进行有限元拓展参数分析，分析采用的混凝土抗压强度等级分别为 C30、C40、C50 和 C60；采用的波纹钢板屈服强度分别为 235MPa、345MPa、390MPa 和 420MPa；采用的波纹钢板厚度分别为 1mm、2mm、3mm 和 4mm；采用的钢管壁厚分别为 1mm、2mm、3mm、4mm 和 5mm；采用的组合柱截面尺寸分别为 300mm、350mm 和 400mm。

3.6.5.1　混凝土抗压强度

以试件 CFHCST-1 为基准模型，设计四个不同混凝土抗压强度的 CFHCST 模型，除混凝土抗压强度不同外，其余参数均与试件 CFHCST-1 相一致。各模型的荷载-位移曲线如图 3-33(a)所示。由图可以看出，在加载初期，随着混凝土强度提升，曲线斜率有明显增大；各试件进入弹塑性变形阶段后，随着混凝土抗压强度的提升，CFHCST 刚度退化速率变快；当达到峰值荷载时，相比于混凝土强度 C30 的试件，C40～C60 的极限承载力分别提升了 20.3%、39.9%和 59.7%，这说明提高试件混凝土抗压强度可以较为显著地增强试件的承载力，但却使组合柱延性有所下降。

3.6.5.2　波纹钢板屈服强度

以试件 CFHCST-1 为基准模型，设计四个不同波纹钢板屈服强度的 CFHCST 模型，除波纹钢板屈服强度不同外，其余参数均与试件 CFHCST-1 相一致。各模型的荷载-位移曲线如图 3-33(b)所示。由图可以看出，组合柱承载力及弹性刚度受波纹钢板屈服强度影响较小，荷载-位移曲线的下降速率随波纹钢板屈服强度的提高而逐渐减慢，组合柱延性得到小幅度提高，这是因为波纹钢板仅对核心混凝土起到约束作用，且波纹钢板在峰值后达到屈服强度，这能在一定程度上延缓混凝土开裂，提高组合柱延性。

3.6.5.3　波纹钢板厚度

以试件 CFHCST-1 为基准模型,设计四个不同波纹钢板厚度的 CFHCST 模型,除波纹钢板厚度不同外,其余参数均与试件 CFHCST-1 相一致。各模型的荷载-位移曲线如图 3-33(c)所示。由图可以看出,波纹钢板厚度对组合柱弹性刚度影响很小,对组合柱承载力及延性有一定的提高作用,这是由于波纹钢板仅起到约束核心混凝土的作用,在峰值荷载前,波纹钢板未达到屈服强度,而波纹钢板中用钢量的增大可在一定程度上提供更强的约束效果。

3.6.5.4　钢管壁厚

以试件 CFHCST-1 为基准模型,设计五个不同钢管厚度的 CFHCST 模型,除钢管厚度不同外,其余参数均与试件 CFHCST-1 相一致。各模型的荷载-位移曲线如图 3-33(d)所示。由图可以看出,钢管壁厚的变化对组合柱承载力及弹性刚度影响较大,承载力随钢管厚度增大而稳定提升,且提升幅度有下降趋势,当钢管截面占组合柱截面比重较小、钢管提供的荷载稳定上升时,钢管厚度对组合柱承载力的提升效果下降。

3.6.5.5　组合柱截面尺寸

在钢管尺寸一定的情况下,组合柱截面尺寸变化对组合柱荷载-位移曲线的影响如图 3-33(e)所示。对比截面为 300mm 和 350mm 的模型,当截面尺寸增大36.1%时,承载力提升 16.8%;对比截面为 350mm 和 400mm 的模型,当截面尺寸增大 30.6%时,承载力提升 34.6%。由此可以看出,组合柱的弹性刚度和承载力随截面尺寸的增大而逐渐增大,且在一定范围内提升幅度有增大的趋势。

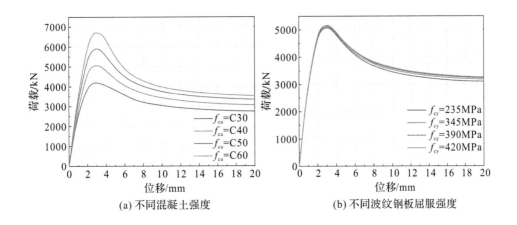

(a) 不同混凝土强度　　　　　　　　　　(b) 不同波纹钢板屈服强度

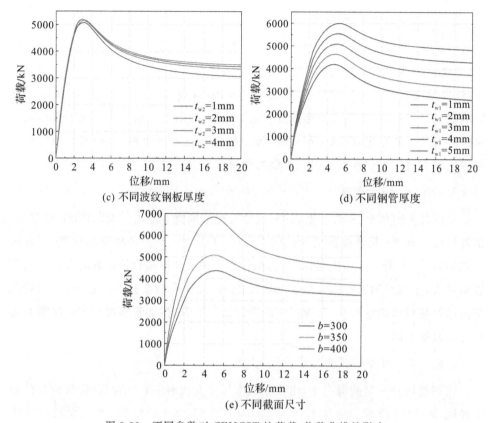

图 3-33 不同参数对 CFHCST 柱荷载-位移曲线的影响

3.6.5.6 不同参数对 $N_{u,c}$ 及 $I_{s,c}$ 的影响

不同参数对波纹钢板约束内核心混凝土承载力 $N_{u,c}$ 及核心混凝土承载力提高系数 $I_{s,c}$ 的影响如图 3-34 所示。$I_{s,c}$ 表示波纹钢板与其约束内核心混凝土之间的相互组合作用。图中，波纹钢板约束内核心混凝土承载力会随着混凝抗压强度的提高呈线性增加，$I_{s,c}$ 则呈现相反的趋势；波纹钢板的屈服强度对核心混凝土承载力和 $I_{s,c}$ 的影响较小，这是因为波纹钢板对核心混凝土仅起到约束作用，并不直接承担纵向荷载，而波纹钢板在组合柱达到峰值荷载时还未屈服；当波纹钢板厚度增大时，核心混凝土承载力有小幅提升，$I_{s,c}$ 也随之提升，但上升幅度逐渐减小。方钢管壁厚对核心混凝土承载力及 $I_{s,c}$ 影响较大，随着方钢管壁厚的提升，核心混凝土承载力和 $I_{s,c}$ 逐渐下降，但下降趋势减缓；随着截面尺寸的增大，核心混凝土的承载力有明显提升，$I_{s,c}$ 呈先下降后上升的趋势。

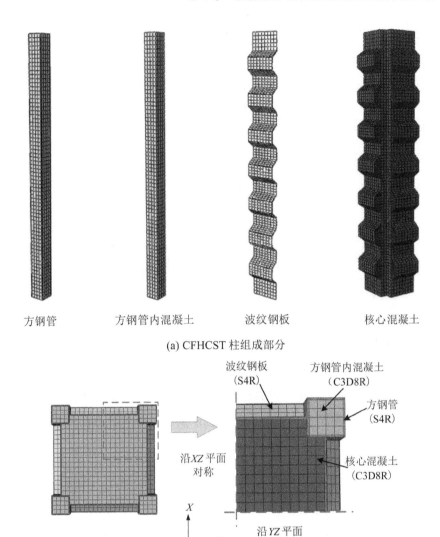

方钢管　　　　方钢管内混凝土　　　　波纹钢板　　　　核心混凝土

(a) CFHCST 柱组成部分

(b) CFHCST 柱横截面

图 3-34　不同参数对核心混凝土承载力及其承载力提高系数的影响

3.7　波纹钢板-钢管混凝土组合柱 轴压承载力分析

目前,国内外学者针对钢管混凝土短柱轴心轴压相关研究成果提出了多种计算公式，包括国内外规程推荐的实用承载力计算公式，但对 CFHCST 短柱轴压承载力计算的适用性还有待验证。因此，本节利用现有公式对 CFHCST 的试验及有限元参数进行计算，并对计算结果进行对比，评估现有规范和公式对 CFHCST 承载力计算的适用性。最后，基于有限元参数分析，提出 CFHCST 轴压承载力计算公式，并验证该公式的合理性。

3.7.1 现有组合柱轴压承载力公式对比分析

计算的基本假定如下。

(1)轴压承载力计算中，试验材料强度均采用实测值，有限元材料强度均采用标准值。

(2)不考虑局部屈曲、轴心受压柱稳定系数等因素导致的轴压力折减。

(3)不考虑波纹钢板所提供的竖向荷载，核心混凝土截面选取波峰中部截面计算。

(4)运用圆钢管公式时，采用等面积方法将组合柱等效为圆钢管。

3.7.1.1 《矩形钢管混凝土结构技术规程》(CECS 159:2004)

《矩形钢管混凝土结构技术规程》(CECS 159:2004)[22]建议的短柱轴心受压承载力计算公式适用于矩形实心钢管混凝土构件承载力计算。由此可以看出，该承载力是基于钢管和核心混凝土屈服荷载的简单叠加：

$$N_u = A_s f_y + A_c f_c \tag{3-25}$$

据此计算 CFHCST 轴压承载力：

$$N_u = N_s + N_c + N_{cc} \tag{3-26}$$

式中，N_s 为四角方钢管轴压承载力，$N_s = f_{ys} A_s$；N_c 为四角方钢管内混凝土轴压承载力，$N_c = f_c A_c$；N_{cc} 为波纹钢板约束区核心混凝土轴压承载力，$N_c = f_c A_{cc}$。

3.7.1.2 Building Code Requirements for Structural Concrete and Commentary (ACI 318-14)

Building Code Requirements for Structural Concrete and Commentary (ACI 318-14)[19]建议的钢管混凝土承载力计算公式将钢管混凝土构件等效为钢筋混凝土构件后计算其承载力，其将钢管等效为纵向钢筋，忽略了钢管对混凝土的约束作用：

$$N_u = 0.85 A_c f'_c + A_s f_y \tag{3-27}$$

据此计算 CFHCST 轴压承载力：

$$N_u = 0.85(N_s + N_c + N_{cc}) \tag{3-28}$$

3.7.1.3　《钢管混凝土结构技术规范》(GB 50936—2014)

《钢管混凝土结构技术规范》(GB 50936—2014)[23]建议的轴心承载力计算公式适用于多边形及圆形钢管混凝土构件。基于钟善桐[24]提出的钢管混凝土统一理论,将钢管、混凝土认为是统一体,其工作性能随着材料的物理参数、统一体的几何参数和截面形状以及应力状态的变化而变化,且这种变化是连续、相关的,其计算是统一的。

$$N_0 = A_{sc} f_{sc} \tag{3-29}$$

$$f_{sc} = (1.212 + B\theta + C\theta^2) f_c \tag{3-30}$$

据此计算 CFHCST 轴压承载力:

$$N_u = N_c + N_{cc} = A_c f_c' + A_{cc} f_{cc}' \tag{3-31}$$

$$f_c' = (1.212 + B\theta + C\theta^2) f_c \tag{3-32}$$

$$\theta = \alpha_{sc} \frac{f_y}{f_c} = \frac{A_s}{A_c} \times \frac{f_y}{f_c} \tag{3-33}$$

$$B = \frac{0.131 f_y}{213} + 0.778 \tag{3-34}$$

$$C = \frac{-0.07 f_c}{14.4} + 0.011 \tag{3-35}$$

式中,A_c 为四角方钢管内混凝土截面面积;f_c' 为四角方钢管内混凝土抗压强度;θ 为方钢管混凝土的套箍系数;A_{cc} 为核心混凝土截面面积;f_c 为核心混凝土轴心抗压强度。

3.7.1.4　钢管约束钢筋混凝土柱轴压承载力计算公式

由于本章所研究的波纹钢板-钢管混凝土组合柱中,波纹钢板几乎不承担轴向荷载,对核心混凝土仅起到约束作用,故可参考周绪红等[25]对方钢管约束钢筋混凝土柱轴压的计算方法计算 CFHCST 轴压承载力:

$$N_u = f_c A_c + f_{cc} A_{cc} \tag{3-36}$$

$$f_{cc} = f_c \left(-1.254 + 2.254 \sqrt{1 + 7.94 \frac{f_1}{f_c}} - 2 \frac{f_1}{f_c} \right) \tag{3-37}$$

$$f_1 = \frac{2t f_y}{D - 2t} \tag{3-38}$$

式中,f_c 为混凝土轴心抗压强度;f_{cc} 为约束混凝土轴心抗压强度;f_1 为外包钢管对核心混凝土的有效约束力;f_y 为钢管屈服强度;D 为钢管直径;t 为钢管壁厚。

3.7.1.5　横肋波纹钢板-钢管混凝土短柱轴压承载力计算公式

参考姚烨[26]提出的 CFHCST 轴压承载力公式如下:

$$N_{uc} = N_{cc} + N_{sc} \tag{3-39}$$

$$N_{cc} = \left(\frac{0.12 t_s t_c}{\beta f_c} + 1.2 \right) f_c A_{cc} \tag{3-40}$$

式中,N_{cc} 为四肢方钢钢管截面承载力;t_s、t_c 分别为方钢管壁厚和波纹钢板厚度;f_c 为混凝土轴心抗压强度;A_{cc} 为波纹钢板约束内混凝土净截面面积;β 为径宽比,即单肢方钢管截面宽度与组合柱截面宽度的比值。

3.7.2　公式适用性分析

根据上述五种承载力计算公式分析,通过计算模型对本书试验及有限元轴压承载力进行预测,计算结果如表 3-6 和图 3-35 所示。

表 3-6　承载力模拟值、试验值同各公式计算值比较　　　　(单位:kN)

试件	N_u	$N_{u,f}$				
		CECS	ACI	GB	文献[25]	文献[26]
C-1-FEM	4224.81	3375.02	2868.77	3665.41	4081.66	4764.24
C-2-FEM	4299.76	3358.94	2855.10	3813.79	4525.34	4882.03
C-3-FEM	4358.34	3342.86	2841.43	3958.32	4891.74	4997.13
C-4-FEM	4396.24	3326.78	2827.76	4098.89	5201.24	5109.55
C-5-FEM	4304.93	3375.02	2868.77	3763.15	4309.60	4764.24
C-6-FEM	4373.85	3358.94	2855.10	4004.95	4890.76	4882.03
C-7-FEM	4427.26	3342.86	2841.43	4238.46	5348.23	4997.13
C-8-FEM	4467.75	3326.78	2827.76	4463.43	5720.13	5109.55
C-9-FEM	4321.29	3375.02	2868.77	3806.33	4397.07	4764.24
C-10-FEM	4398.83	3358.94	2855.10	4089.08	5025.97	4882.03
C-11-FEM	4411.80	3342.86	2841.43	4361.23	5512.68	4997.13
C-12-FEM	4503.07	3326.78	2827.76	4622.47	5902.92	5109.55
C-13-FEM	4336.80	3375.02	2868.77	3836.15	4453.71	4764.24
C-14-FEM	4412.61	3358.94	2855.10	4147.08	5112.16	4882.03
C-15-FEM	4422.95	3342.86	2841.43	4445.71	5616.32	4997.13
C-16-FEM	4518.58	3326.78	2827.76	4731.70	6016.99	5109.55
C-17-FEM	5082.00	3932.46	3342.59	4340.97	4655.80	5433.17
C-18-FEM	5149.20	3911.02	3324.37	4482.67	5128.99	5544.53
C-19-FEM	5187.10	3889.58	3306.14	4620.41	5532.12	5653.20
C-20-FEM	5199.16	3868.14	3287.92	4754.06	5881.22	5759.18

试件	N_u	$N_{u,f}$				
		CECS	ACI	GB	文献[25]	文献[26]
C-21-FEM	5124.21	3932.46	3342.59	4438.64	4898.68	5433.17
C-22-FEM	5135.41	3911.02	3324.37	4673.56	5533.66	5544.53
C-23-FEM	5193.13	3889.58	3306.14	4899.93	6052.13	5653.20
C-24-FEM	5206.92	3868.14	3287.92	5117.49	6486.16	5759.18
C-25-FEM	5169.01	3932.46	3342.59	4481.79	4993.01	5433.17
C-26-FEM	5171.60	3911.02	3324.37	4757.55	5685.83	5544.53
C-27-FEM	5199.16	3889.58	3306.14	5022.38	6243.06	5653.20
C-28-FEM	5250.85	3868.14	3287.92	5275.96	6703.98	5759.18
C-29-FEM	5181.07	3932.46	3342.59	4511.58	5054.41	5433.17
C-30-FEM	5194.86	3911.02	3324.37	4815.45	5783.52	5544.53
C-31-FEM	5207.78	3889.58	3306.14	5106.63	6364.39	5653.20
C-32-FEM	5276.70	3868.14	3287.92	5384.77	6841.23	5759.18
C-33-FEM	5912.49	4398.38	3738.62	4905.63	5130.96	5992.27
C-34-FEM	5925.41	4372.46	3716.59	5041.82	5620.15	6098.25
C-35-FEM	5958.15	4346.54	3694.56	5173.97	6044.66	6201.55
C-36-FEM	6001.22	4320.62	3672.53	5301.97	6417.76	6302.16
C-37-FEM	5974.52	4398.38	3738.62	5003.27	5382.47	5992.27
C-38-FEM	6026.21	4372.46	3716.59	5232.56	6048.87	6098.25
C-39-FEM	6085.65	4346.54	3694.56	5453.17	6605.04	6201.55
C-40-FEM	6095.13	4320.62	3672.53	5664.83	7078.79	6302.16
C-41-FEM	5981.41	4398.38	3738.62	5046.40	5480.85	5992.27
C-42-FEM	6043.44	4372.46	3716.59	5316.48	6211.67	6098.25
C-43-FEM	6104.60	4346.54	3694.56	5575.46	6813.16	6201.55
C-44-FEM	6118.39	4320.62	3672.53	5823.00	7319.89	6302.16
C-45-FEM	5993.47	4398.38	3738.62	5076.18	5545.08	5992.27
C-46-FEM	6052.91	4372.46	3716.59	5374.32	6316.61	6098.25
C-47-FEM	6125.28	4346.54	3694.56	5659.59	6946.06	6201.55
C-48-FEM	6146.82	4320.62	3672.53	5931.59	7472.65	6302.16
C-49-FEM	6746.42	4905.90	4170.01	5520.72	5645.77	6601.29
C-50-FEM	6757.62	4875.10	4143.83	5650.92	6146.94	6701.42
C-51-FEM	6847.22	4844.30	4117.65	5777.04	6588.52	6798.86
C-52-FEM	6850.66	4813.50	4091.47	5898.96	6981.48	6893.61
C-53-FEM	6825.68	4905.90	4170.01	5618.33	5904.31	6601.29
C-54-FEM	6832.57	4875.10	4143.83	5841.57	6596.04	6701.42
C-55-FEM	6911.83	4844.30	4117.65	6056.00	7184.06	6798.86
C-56-FEM	6916.99	4813.50	4091.47	6261.39	7692.35	6893.61

续表

试件	N_u	$N_{u,f}$				
		CECS	ACI	GB	文献[25]	文献[26]
C-57-FEM	6853.24	4905.90	4170.01	5661.45	6006.01	6601.29
C-58-FEM	6857.55	4875.10	4143.83	5925.43	6767.99	6701.42
C-59-FEM	6929.06	4844.30	4117.65	6178.17	7407.40	6798.86
C-60-FEM	6948.87	4813.50	4091.47	6419.34	7954.45	6893.61
C-61-FEM	6864.44	4905.90	4170.01	5691.22	6072.59	6601.29
C-62-FEM	6872.20	4875.10	4143.83	5983.23	6879.22	6701.42
C-63-FEM	6938.53	4844.30	4117.65	6262.20	7550.61	6798.86
C-64-FEM	6967.82	4813.50	4091.47	6527.76	8121.29	6893.61
C-65-FEM	3456.35	2447.85	2080.67	2995.12	3374.20	3298.80
C-66-FEM	3910.60	2814.42	2392.26	3242.71	3688.42	3953.85
C-67-FEM	4360.85	3170.80	2695.18	3400.06	3818.14	4474.06
C-68-FEM	4184.42	3205.22	2724.44	4115.44	4665.73	4231.89
C-69-FEM	4636.22	3571.79	3036.02	4363.04	4979.95	4911.19
C-70-FEM	5084.62	3928.17	3338.95	4520.39	5109.67	5455.65
C-71-FEM	5531.75	4274.37	3633.22	4579.81	5133.55	5913.55
C-72-FEM	5968.35	4610.39	3918.83	4532.41	5087.94	6308.81
C-73-FEM	5956.19	4096.59	3482.10	5285.76	5841.02	5935.05
C-74-FEM	6400.10	4463.16	3793.68	5533.35	6155.24	6647.87
C-75-FEM	6848.10	4819.54	4096.61	5690.70	6284.96	7225.84
C-1-E	4860	4736.23	4025.80	6728.83	6096.67	5592.01
C-3-E	6150	5574.38	4738.22	7589.39	6136.15	6605.14
C-4-E	4472	3783.87	3216.29	5484.84	4859.99	4010.42
C-5-E	7056	5857.09	4978.53	8177.28	7506.88	7762.20
C-6-E	4380	4355.12	3701.85	5632.15	5480.09	4517.65
C-7-E	6335	5602.35	4761.99	7809.68	6296.75	5555.70
C-8-E	4531	4310.36	3663.81	6223.18	6462.76	4460.76
C-9-E	2212	1720.6	1628.9	1699.8	2488.12	2123.9
C-10-E	2399	1880.2	1785.1	1898.0	2495.34	2282.1
C-11-E	2573	2039.8	1941.3	2098.5	2496.97	2441.7

注：试件编号 C-1-FEM 中，C 代表 CFHCST，1 代表试件编号，FEM 代表有限元，E 代表试验，CECS 代表《矩形钢管混凝土结构技术规程》(CECS 159：2004)，ACI 代表 Building Code Requirements for Structural Concrete and Commentary (ACI 318-14)，GB 代表《钢管混凝土结构技术规范》(GB 50936—2014)，文献[25] 代表周绪红等提出的方钢管约束混凝土柱轴压承载力计算公式，文献[26] 代表姚烨提出的横肋波纹钢板-钢管混凝土短柱轴压承载力计算公式。N_u 为有限元分析值或试验值，$N_{u,f}$ 为承载力计算值。

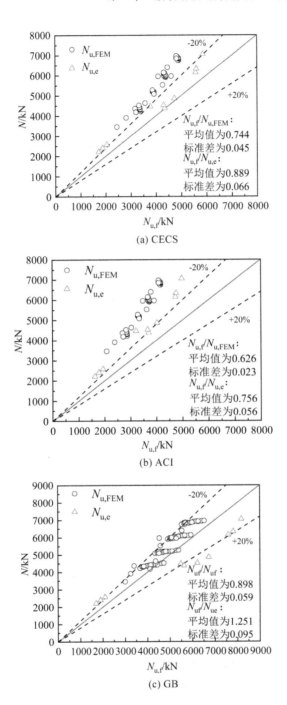

(a) CECS

(b) ACI

(c) GB

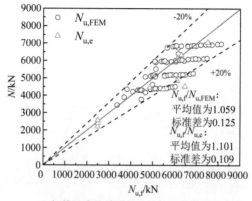

(d) 钢管约束钢筋混凝土柱轴压载力计算公式

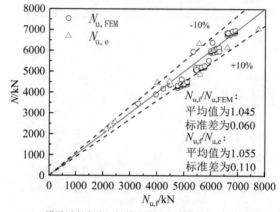

(e) 横肋波纹钢板-钢管混凝土短柱轴压承载力计算公式

图 3-35　承载力模拟值和试验值与各公式计算值对比

由图 3-35(a)、(b)可知，基于"简单叠加原理"的 CECS[22] 和 ACI[19] 规范所建议的承载力计算值与试验值之比的平均值分别为 0.744 和 0.626，均低估了 CFH-CST 的轴压承载力，在工程使用中材料浪费较高。

由图 3-35(c)、(d)可知，《钢管混凝土结构技术规范》(GB 50936—2014)[23] 和周绪红等[25] 提出的钢管约束钢筋混凝土柱轴压承载力计算公式的结果与试验值之比的平均值分别为 1.25 和 1.101，均高估了 CFHCST 的轴压承载力。这是由于波纹钢板并不提供纵向荷载，将波纹钢板与核心混凝土进行统一化时应考虑对波纹钢板和波峰约束区混凝土提供的承载力进行折减。

由图 3-35(e)可知，姚烨[26] 提出的横肋波纹钢板-钢管混凝土短柱轴压承载力计算公式对截面尺寸为 300mm 和 400mm 的试件预测结果均不准确，对小截面构件承载力计算均不安全。

由以上可以看出,基于"简单叠加原理"提出的轴压承载力计算公式没有考虑钢管与混凝土之间的相互作用,结果较为保守;周绪红等[25]提出的钢管约束钢筋混凝土柱轴压承载力计算公式虽能体现钢管与混凝土之间的相互作用,但误差过大;姚烨[26]提出的承载力计算公式还需进一步考虑组合柱截面尺寸变化,以提高公式适用性。总体而言,现有计算公式并不适用于 CFHCST 柱轴压承载力的计算。

基于前面的分析可以发现,波纹钢板的梯形波折使得组合柱在受到轴向荷载情况下具有良好的变形协调能力,波纹钢板和方钢管及其约束下的核心混凝土可视为统一体;方钢管在峰值荷载前达到屈服强度,其材料的抗压能力得以充分发挥;方钢管屈服后,波纹钢板与方钢管主要对内外混凝土提供约束作用。参考上述公式的建立原理,本节从四角方钢管混凝土柱和波纹钢板约束内核心混凝土两部分建立轴压承载力计算公式。

3.7.3　波纹钢板-钢管混凝土组合柱轴压承载力计算方法

3.7.3.1　四角方钢管混凝土柱轴压承载力计算方法

截面的有效约束系数是表达方钢管对内部混凝土约束不均匀性的重要手段。本节结合试验研究,参考 Mander 等[27]提出的本构模型,建立四角方钢管约束模型,如图 3-36 所示。

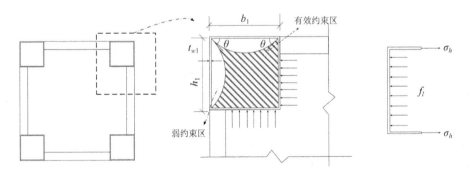

图 3-36　方钢管截面有效约束区及受力示意

忽略波纹钢板对方钢管的影响,建立方钢管内混凝土抗压强度 f_{cc1} 公式:

$$f_{cc1} = f_{c1}\left(-1.254 + 2.254\sqrt{1 + 7.94\frac{f_l'}{f_{c1}}} - 2\frac{f_l'}{f_{c1}}\right) \tag{3-41}$$

$$f_l' = k_e \frac{2\sigma_h t_{w1}}{b_1 - 2t_{w1}} \tag{3-42}$$

$$k_e = A_{ec}/A_{sc1} \tag{3-43}$$

$$A_{sc1} = \frac{(b_1 - 2t_{w1})^2 \tan\theta}{6} + \frac{(h_1 - 2t_{w1})^2 \tan\theta}{6} \tag{3-44}$$

$$A_{sc1} = (b_1 - 2t_{w1})(h_1 - 2t_{w1}) - \frac{\left[(b_1 - 2t_{w1})^2 + (h_1 - 2t_{w1})^2\right]\tan\theta}{6} \tag{3-45}$$

式中,f_{c1} 为方钢管内混凝土抗压强度;f_l' 为方钢管横向有效约束应力;f_l 为方钢管对混凝土的等效侧向约束应力;k_e 为横向有效约束系数;A_{wc} 为混凝土弱约束区域;A_{ec} 为方钢管内有效约束区域;A_{sc1} 为方钢管内混凝土截面尺寸;θ 为抛物线起始点切线夹角,取值 $45°$。

在实际工程运用中,钢管处于三向受力状态。有研究表明,钢管径向应力较小,可以忽略不计。因此假定钢管处于纵向受压、环向受拉的平面应力状态,符合 Mises 屈服准则。根据文献[28]的建议,取方钢管的纵向应力 $\sigma_v = 0.89f_{ys}$,横向应力 $\sigma_h = 0.19f_{ys}$,经计算发现,与试验测得的纵向应力误差在可接受范围内,故方钢管及其钢管内混凝土承载力公式为:

$$N_{st} = 0.89f_{ys}A_{s'} + f_{cc1}A_{sc1'} \tag{3-46}$$

式中,N_{st} 为四角方钢管混凝土柱截面承载力;$A_{s'}$ 为四角方钢管截面面积;$A_{sc1'}$ 为四角方钢管内混凝土截面面积。

3.7.3.2　波纹钢板内核心混凝土轴压承载力计算方法

从现有的国内外规程适用范围来看,现行规范中给出了常用的矩形截面混凝土柱承载力计算方法,但大部分未考虑钢管和混凝土之间的相互作用。蔡绍怀等[29]采用极限平衡理论推导出轴压承载力计算公式,认为套箍系数是影响钢管对混凝土套箍强度的重要因素,并通过研究得出了套箍系数与混凝土受到的侧压力成正比的结论。韩林海等[30]通过试验验证提出以约束效应系数衡量钢管和混凝土的相互作用。

对于异形截面,近年来也有进一步的理论研究发展。例如,2011 年,刘林林等[31]将 Mander 约束混凝土模型引入混凝土 L 形柱,认为钢管混凝土 L 形柱在整体上仍是一种约束混凝土柱,也可用有效侧向约束系数来反映其中混凝土的受力性能。他们基于对 L 形柱中混凝土强、弱约束区的分析,通过材料面积分别相等的原则将 L 形截面等效成方形截面,进而提出了 L 形柱中核心混凝土的本构关系,如图 3-37 所示。

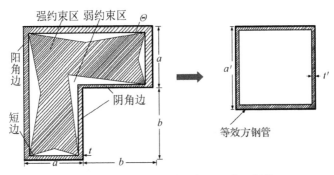

图 3-37　L 形截面钢管混凝土约束区划分

2015 年, 曹万林等[32]在多边形截面钢管混凝土轴压组合强度统一计算公式的基础上, 考虑到钢管分腔构造的影响, 划分了有效约束区和非有效约束区, 如图 3-38 所示。同时, 也提出了不同构造多边形的混凝土抗压承载力公式。

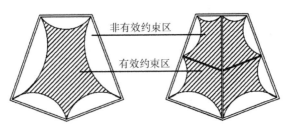

图 3-38　多边形截面钢管混凝土约束区划分

2016 年, 董宏英等[33]进行了六个不同腔体构造的矩形钢管混凝土柱轴压试验, 对比分析了不同构造措施对其承载力的影响。他们参考 Mander[27]提出的约束混凝土受压本构进行轴压承载力计算, 对如图 3-39 所示的矩形钢管混凝土和设置栓钉的矩形钢管混凝土进行约束区划分, 先计算有效约束系数, 再通过力的平衡关系求出有效侧向约束应力 f_l', 最后基于叠加原理分别提出普通钢管混凝土柱和带有纵向加劲肋的柱的轴压承载力计算公式。

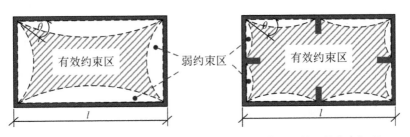

图 3-39　矩形钢管与带有纵向加劲肋的矩形钢管对混凝土的约束机理

2019年，Zheng 等[34]对19个带有加强筋的方钢管混凝土进行了轴压试验研究，并建议了两种计算方法：一种是根据复合柱的受力特点，将核心混凝土划分为如图 3-40 所示的有效约束区和弱约束区，并参考 Mander[27]提出的本构模型得到带有加强筋的方形钢管对核心混凝土的有效侧向约束应力 f'_r；另一种是基于现有规范，引入套箍系数 ξ 反映钢管与混凝土的相互作用，增加加强筋修正系数，得到带有加强筋的方形钢管混凝土柱轴压承载力计算公式。以上两种方法均能有效预测带有加强筋的方钢管混凝土的轴向承载力。

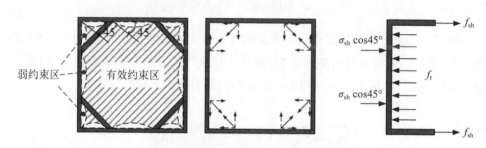

图 3-40　设置加强筋的方形钢管对核心混凝土的约束机理

基于以上研究可知，确定钢管对核心混凝土的约束分布，进而计算其等效侧向约束应力是评估复杂截面的有效手段。波纹钢板及方钢管约束区的核心混凝土形状较为复杂，故本书将波纹钢板及方钢管约束区混凝土剥离出来，将波纹钢板和方钢管与核心混凝土接触部分视为统一体，核心混凝土在整体上为波纹钢管约束混凝土。

基于3.6节分析可知，鉴于波峰约束区混凝土在全过程中提供的承载力有限，故建立轴压承载力时应对该部分混凝土提供的竖向荷载进行折减，由于波纹钢板承担的纵向应力可以忽略，故可以采用 Mander 矩形箍筋约束混凝土的本构模型研究其力学性能。根据波纹钢板-钢管混凝土组合柱的核心混凝土处于峰值荷载状态的应力云图，可将其简化为如图 3-41 所示的核心混凝土应力计算划分。

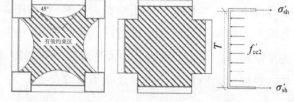

图 3-41　核心混凝土约束区划分

将等面积波纹钢板约束核心混凝土等效为矩形截面混凝土，设波纹钢板约束内混凝土面积为 A_{s1}，则：

$$A_{s1} = (h - 2h_1)^2 + 4(h_1 - h_r - 2t_{w2})(h - 2h_1) \tag{3-47}$$

等效后的约束混凝土边长为：

$$T = \sqrt{A_{s1}} \tag{3-48}$$

约束钢材面积为：

$$A_{s2} = 4\left[(h - 2h_1)t_{w2} + t_{w1}(2h_1 - h_r - 2t_{w2} - t_{w1})\right] \tag{3-49}$$

则等效方形钢管厚度为：

$$t = \frac{\sqrt{A_{s1} + A_{s2}} - T}{2} \tag{3-50}$$

计算时，假设等效波纹钢板对混凝土约束效应沿管壁均匀分布，并乘以有效约束系数来考虑其不均匀性，由受力平衡可得核心混凝土所受到的等效约束应力为：

$$f'_{cc2} = \frac{2\sigma_{sh}t}{T - 2t} \tag{3-51}$$

横截面有效约束系数，可参考蔡健等[46]研究方法，将核心混凝土划分为有效约束区与弱约束区，如图 3-42 所示。约束作用主要集中在对角线，且由于方钢管作用，可认为核心混凝土四角处无弱约束区域，横截面上弱约束区的形状为与起始点切线夹角呈 45°的抛物线。

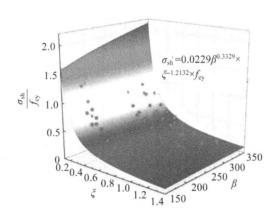

图 3-42　波纹钢板约束内核心混凝土等效横向应力

弱约束区混凝土面积为：

$$A_{wcc} = \frac{2(h - 2h_1)^2}{3} \tag{3-52}$$

强约束区混凝土面积为：

$$A_{scc} = A_{s1} - A_{wcc} = 4(h_1 - h_r)(h - 2h_1) + \frac{(h - 2h_1)^2}{3} \tag{3-53}$$

则有效侧向约束系数为：

$$k_{ec} = \frac{A_{scc}}{A_{s1}} \tag{3-54}$$

则核心混凝土抗压强度为：

$$f'_{cc2} = \frac{2k_{ec}\sigma'_{sh}t}{T-2t} \tag{3-55}$$

式中，σ'_{sh} 为约束核心混凝土的方钢管及波纹钢板的等效横向应力。

基于有限元参数分析，以 CFHCST-1 为基础模型，等效横向应力受各参数影响如图 3-43 所示，约束核心混凝土的方钢管及波纹钢板的等效横向应力随着混凝抗压强度的提高呈线性增加；波纹钢板的屈服强度和方钢管厚度对等效横向应力的影响较小，这是因为波纹钢板在组合柱达到峰值荷载时还未屈服，且波纹钢板不直接承担纵向荷载，对核心混凝土仅起到约束作用，当波纹钢板的屈服强度提升时，σ'_{sh} 有小幅的提升，但增长速度小于 f_{cy}，故比值呈下降趋势；当波纹钢板厚度增大，等效方形钢管厚度增大时，σ'_{sh} 有降低趋势；σ'_{sh} 受截面尺寸影响也较大，本书结合 T 与 f_{cy} 定义了一个新的参数 β，$\beta = Tf_{cy}/b$，它是反映不同截面尺寸和材料强度的综合指标。

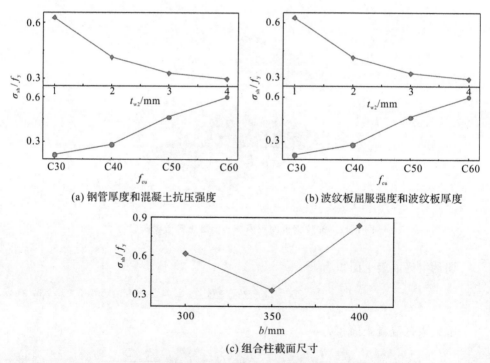

(a) 钢管厚度和混凝土抗压强度 (b) 波纹板屈服强度和波纹板厚度

(c) 组合柱截面尺寸

图 3-43　不同参数对核心混凝土等效横向应力的影响

为更加方便地反映 σ'_{sh} 的变化规律,引入综合考虑截面尺寸和材料强度对核心混凝土约束效应影响的套箍系数:

$$\xi = \frac{A_{s2} f_{cy}}{A_{s1} f_c} \tag{3-56}$$

式中,A_{s1} 为波纹钢板及方钢管约束内核心混凝土的面积;f_c 为核心混凝土抗压强度;A_{s2} 为等效方钢管的面积;f_{cy} 为波纹钢板屈服强度。

可得出 σ'_{sh} 的表达式为:

$$\sigma'_{sh} = 0.0229 \times \beta^{0.3329} \times \xi^{1.2132} \times f_{cy} \tag{3-57}$$

将 σ'_{sh} 代入公式(3-51)可求出核心混凝土有效约束应力为:

$$f'_{cc2} = k_{ec} \frac{0.0458 \times \beta^{0.3329}}{(T-2t)\xi^{1.2132}} f_{cy} t \tag{3-58}$$

可得波纹钢板约束混凝土抗压强度 f_{cc2} 为:

$$f_{cc2} = f_{c2} \left(-1.254 + 2.254 \sqrt{1 + \frac{7.94 f'_{cc2}}{f_{c2}}} - 2\frac{f'_{cc2}}{f_{c2}} \right) \tag{3-59}$$

则可得波纹钢板-方钢管混凝土组合柱承载力公式为:

$$N_u = N_{st} + N_{cc} = N_{st} + f_{cc2} A_{s1} \tag{3-60}$$

3.7.3.3　计算结果对比

为验证提出公式的有效性及适用性,将公式计算值与试验值和模拟值进行对比,对比结果如表 3-7 和图 3-44 所示。

表 3-7　有限元模拟值、试验值同承载力计算值比较

试件	b/mm	t_{w1}/mm	t_{w2}/mm	f_{cu}	f_{cy}/MPa	N_u/kN	$N_{u,f}$/kN	$N_{u,f}/N_u$
C-1-FEM	350	3	1	C30	235	4224.81	4243.96	1.00
C-2-FEM	350	3	2	C30	235	4299.76	4284.39	1.00
C-3-FEM	350	3	3	C30	235	4358.34	4335.36	0.99
C-4-FEM	350	3	4	C30	235	4396.24	4392.54	1.00
C-5-FEM	350	3	1	C30	345	4304.93	4368.78	1.01
C-6-FEM	350	3	2	C30	345	4373.85	4307.58	0.98
C-7-FEM	350	3	3	C30	345	4427.26	4457.30	1.01
C-8-FEM	350	3	4	C30	345	4467.75	4413.46	0.99
C-9-FEM	350	3	1	C30	390	4321.29	4376.89	1.01
C-10-FEM	350	3	2	C30	390	4398.83	4315.16	0.98
C-11-FEM	350	3	3	C30	390	4411.80	4464.48	1.01
C-12-FEM	350	3	4	C30	390	4503.07	4420.30	0.98
C-13-FEM	350	3	1	C30	420	4336.80	4381.84	1.01

续表

试件	b/mm	t_{w1}/mm	t_{w2}/mm	f_{cu}	f_{cy}/MPa	N_u/kN	$N_{u,f}$/kN	$N_{u,f}/N_u$
C-14-FEM	350	3	2	C30	420	4412.61	4419.79	1.00
C-15-FEM	350	3	3	C30	420	4422.95	4468.86	1.01
C-16-FEM	350	3	4	C30	420	4518.58	4424.47	0.98
C-17-FEM	350	3	1	C40	235	5082.00	5045.76	0.99
C-18-FEM	350	3	2	C40	235	5149.20	5163.42	1.00
C-19-FEM	350	3	3	C40	235	5187.10	5195.81	1.00
C-20-FEM	350	3	4	C40	235	5199.16	5136.89	0.99
C-21-FEM	350	3	1	C40	345	5124.21	5180.45	1.01
C-22-FEM	350	3	2	C40	345	5135.41	5195.86	1.01
C-23-FEM	350	3	3	C40	345	5193.13	5126.53	0.99
C-24-FEM	350	3	4	C40	345	5206.92	5166.18	0.99
C-25-FEM	350	3	1	C40	390	5169.01	5191.78	1.00
C-26-FEM	350	3	2	C40	390	5171.60	5106.47	0.99
C-27-FEM	350	3	3	C40	390	5199.16	5136.57	0.99
C-28-FEM	350	3	4	C40	390	5250.85	5175.76	0.99
C-29-FEM	350	3	1	C40	420	5181.07	5198.70	1.00
C-30-FEM	350	3	2	C40	420	5194.86	5312.94	1.02
C-31-FEM	350	3	3	C40	420	5207.78	5242.70	1.01
C-32-FEM	350	3	4	C40	420	5276.70	5181.61	0.98
C-33-FEM	350	3	1	C50	235	5912.49	6024.91	1.02
C-34-FEM	350	3	2	C50	235	5925.41	5922.98	1.00
C-35-FEM	350	3	3	C50	235	5958.15	5839.41	0.98
C-36-FEM	350	3	4	C50	235	6001.22	5766.66	0.96
C-37-FEM	350	3	1	C50	345	5974.52	6068.16	1.02
C-38-FEM	350	3	2	C50	345	6026.21	5963.46	0.99
C-39-FEM	350	3	3	C50	345	6085.65	5877.74	0.97
C-40-FEM	350	3	4	C50	345	6095.13	5803.22	0.95
C-41-FEM	350	3	1	C50	390	5981.41	6082.30	1.02
C-42-FEM	350	3	2	C50	390	6043.44	5976.69	0.99
C-43-FEM	350	3	3	C50	390	6104.60	5890.27	0.96
C-44-FEM	350	3	4	C50	390	6118.39	5815.18	0.95
C-45-FEM	350	3	1	C50	420	5993.47	6090.91	1.02
C-46-FEM	350	3	2	C50	420	6052.91	5984.76	0.99
C-47-FEM	350	3	3	C50	420	6125.28	5897.92	0.96
C-48-FEM	350	3	4	C50	420	6146.82	5822.48	0.95
C-49-FEM	350	3	1	C60	235	6746.42	6772.49	1.00
C-50-FEM	350	3	2	C60	235	6757.62	6648.73	0.98

试件	b/mm	t_{w1}/mm	t_{w2}/mm	f_{cu}	f_{cy}/MPa	N_u/kN	$N_{u,f}$/kN	$N_{u,f}/N_u$
C-51-FEM	350	3	3	C60	235	6847.22	6547.39	0.96
C-52-FEM	350	3	4	C60	235	6850.66	6459.27	0.94
C-53-FEM	350	3	1	C60	345	6825.68	6825.34	1.00
C-54-FEM	350	3	2	C60	345	6832.57	6698.22	0.98
C-55-FEM	350	3	3	C60	345	6911.83	6594.27	0.95
C-56-FEM	350	3	4	C60	345	6916.99	6504.00	0.94
C-57-FEM	350	3	1	C60	390	6853.24	6842.61	1.00
C-58-FEM	350	3	2	C60	390	6857.55	6714.39	0.98
C-59-FEM	350	3	3	C60	390	6929.06	6609.59	0.95
C-60-FEM	350	3	4	C60	390	6948.87	6518.63	0.94
C-61-FEM	350	3	1	C60	420	6864.44	6853.13	1.00
C-62-FEM	350	3	2	C60	420	6872.20	6724.25	0.98
C-63-FEM	350	3	3	C60	420	6938.53	6618.94	0.95
C-64-FEM	350	3	4	C60	420	6967.82	6527.55	0.94
C-65-FEM	300	1	1.2	C40	345	3456.35	3333.86	0.96
C-66-FEM	300	2	1.2	C40	345	3910.60	3841.58	0.98
C-67-FEM	300	3	1.2	C40	345	4360.85	4281.73	0.98
C-68-FEM	350	1	1.2	C40	345	4184.42	4142.70	0.99
C-69-FEM	350	2	1.2	C40	345	4636.22	4638.91	1.00
C-70-FEM	350	3	1.2	C40	345	5084.62	5069.38	1.00
C-71-FEM	350	4	1.2	C40	345	5531.75	5751.18	1.04
C-72-FEM	350	5	1.2	C40	345	5968.35	6094.10	1.02
C-73-FEM	400	1	1.2	C40	345	5956.19	5705.57	0.96
C-74-FEM	400	2	1.2	C40	345	6400.10	6192.19	0.97
C-75-FEM	400	3	1.2	C40	345	6848.10	6614.13	0.97
C-1-E	350	3	1.2	C40	345	4860	4805.38	0.95
C-3-E	350	5	1.2	C40	345	6150	5466.97	0.99
C-4-E	300	3	1.2	C40	345	4472	3555.48	0.89
C-5-E	400	3	1.2	C40	345	7056	6489.92	0.98
C-6-E	350	3	1	C40	345	4380	3985.82	0.91
C-7-E	350	6	1	C40	345	6335	5891.55	0.93
C-8-E	350	3	3	C40	345	4531	4712.24	1.04
C-9-E	230	2	2	C40	345	2212	2035.04	0.92
C-10-E	230	2	2	C40	345	2399	2446.98	1.02
C-11-E	230	2	2	C40	345	2573	2598.73	1.01

注:试件编号 C-1-FEM 中,C 代表 CFHCST,1 代表试件编号,FEM 代表有限元,E 代表试验。

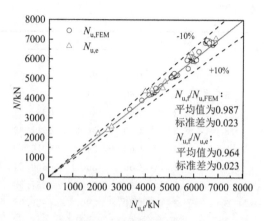

图 3-44   承载力计算值与模拟值和试验值对比

从图 3-44 中可以看出,承载力计算值与模拟值和试验值的误差都在−10%～10%,说明在本书参数分析的范围内,该公式是可靠有效的。计算值与模拟值之比的平均值为 0.987、标准差为 0.023;计算值与试验值之比的平均值为 0.964、标准差为 0.023。同时,计算结果偏安全,故可为波纹钢板-钢管混凝土组合柱轴心受压承载力计算提供参考。

第4章
波纹钢板-钢管混凝土组合梁
受弯性能研究

4.1 试件概况

4.1.1 正弯矩作用下的试件设计

为研究波纹钢板-钢管混凝土组合梁在正弯矩作用下的受弯性能,本书共设计制作了七个梁试件,其中包括三个预应力 CWUSC 梁试件、三个非预应力 CWUSC 梁试件和一个未浇筑混凝土的波纹腹板 U 形钢梁。试件编号分别为 La-1、La-2、La-3、La-4、La-5、La-6、La-7,梁长 $L=3800\mathrm{mm}$,净跨 $L_0=3600\mathrm{mm}$。

外包 U 形钢和槽钢抗剪连接件均采用 Q345 钢材,纯弯段波纹腹板厚度为 1mm,剪跨段波纹腹板厚度为 3mm,以保证梁发生弯曲破坏。混凝土强度为 C40,混凝土板内配筋采用 HPB400。预应力钢绞线采用标准《预应力混凝土用钢绞线》(GB/T 5224—2014)[58]中七丝公称直径为 15.2mm 的 1860 级钢绞线。

试验设计主要考虑了预应力、抗剪连接件数量、混凝土板宽度、下翼缘钢板栓钉和钢梁内混凝土对 CWUSC 梁正弯矩作用下受弯性能的影响。试件截面参数的确定参考了上海物流仓储项目,槽钢抗剪连接件数量的设计参考了《组合结构设计规范》(JGJ 138—2016)[39],满足完全抗剪连接。试件 La-1 的截面参数如图 4-1 所示。

与试件 La-1 相比,试件 La-2 未施加预应力;试件 La-3 设计成部分抗剪连接,抗剪连接件数量为 La-1 的 50%;试件 La-4 的混凝土板宽度为 280mm;与试件 La-4 相比,试件 La-5 未施加预应力;与试件 La-5 相比,试件 La-6 的下翼缘钢板中间沿梁纵向焊接一排直径为 16mm 的栓钉,间距为 200mm;试件 La-7 未浇筑混凝土。其余参数均与试件 La-1 相同,各试件的基本参数见表 4-1。

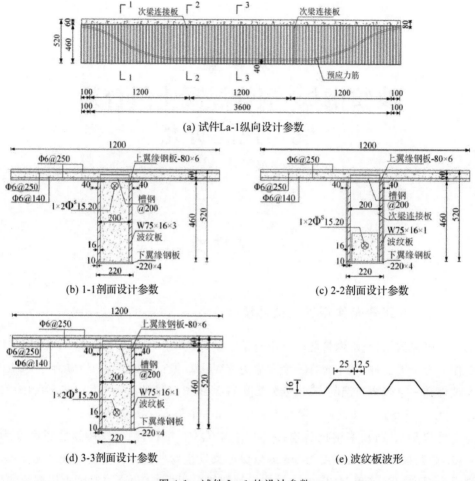

(a) 试件La-1纵向设计参数

(b) 1-1剖面设计参数

(c) 2-2剖面设计参数

(d) 3-3剖面设计参数

(e) 波纹板波形

图 4-1　试件 La-1 的设计参数

表 4-1　CWUSC 梁 La 组试件对比参数

试件编号	楼板翼缘宽度/mm	预应力筋	钢梁内混凝土	槽钢间距/mm	底板栓钉	对比参数
La-1	1200	2Φˢ15.20	有	200	—	基准试件
La-2	1200	—	有	200	—	与La-1对比有无预应力筋
La-3	1200	2Φˢ15.20	有	400	—	与La-1对比槽钢间距
La-4	280	2Φˢ15.20	有	200	—	与La-1对比有无楼板翼缘
La-5	280	—	有	200	—	与La-2对比有无楼板翼缘 与La-4对比有无预应力筋
La-6	280	—	—	200	—	与La-5对比有无钢梁内混凝土
La-7	280	—	有	200	M16@200	与La-5对比有无底板上栓钉

CWUSC 梁试件 La-1、La-3、La-4 采用后张法施加预应力。施加预应力的组合梁试件均布置两根七丝公称直径 15.2mm 的 1860 级钢绞线。考虑到本次试验采用曲线布筋以及转角扩大等因素,故浇筑混凝土前在外包 U 形钢梁内布置直径为 65mm 的波纹管,各试件纯弯段波纹管轴线到梁底面距离为 40mm,支座处波纹管轴线到混凝土板顶面距离为 80mm。由于是曲线布筋,布管前要预先将各个转角点定位,采用电焊的方法将细钢筋焊在钢腹板上,用细钢筋来保证波纹管在试件加工中不会下沉和移位。预应力布筋情况如图 4-1(a)所示,纯弯段的预应力筋水平布置。

本次试验预应力筋 σ_{con} 取 $0.75f_{ptk}$,对每根钢绞线进行逐级张拉,张拉过程为 $0—0.5\sigma_{con}—1.0\sigma_{con}—1.03\sigma_{con}$—持荷两分钟—锚固[59-61]。组合梁试件两端均配置螺旋式钢筋,并在两端各设置一块尺寸为 210mm×210mm×10mm 的钢垫板。钢垫板与端部钢板未焊接,直接作用于端部钢板。经验算,满足局部承压要求。

试件的外包 U 形钢梁由六块波纹钢腹板、一块下翼缘钢板和两块上翼缘钢板拼焊而成,如图 4-2(a)所示。下翼缘钢板上焊接有栓钉的试件 La-6,拼焊前预先在下翼缘钢板上焊接好栓钉。相邻两块波纹钢板焊接在次梁连接板上以形成外包 U 形钢梁的腹板,纯弯段波纹腹板的厚度为 1mm,剪跨段波纹腹板的厚度为 3mm,如图 4.2(b)所示。次梁连接板上焊接直径为 16mm 的栓钉以增强与混凝土间的黏结,试件中的次梁连接板无外伸,仅发挥连接波纹钢腹板的作用。在上翼缘钢板上焊接槽钢作为抗剪连接件,槽钢与上翼缘钢板采用角焊缝相连,槽钢抗剪连接件由 3mm 厚的钢板弯折而成。最后在梁的两端焊接端部钢板形成上开口的外包 U 形钢梁。

外包 U 形钢梁焊接完成后,在梁内布设波纹管并放置预应力筋。在混凝土板模具内配置双层双向构造钢筋,与梁平行的上部钢筋是 6@250,与梁平行的下部钢筋是 6@140,与梁垂直的上下钢筋都是 6@250。之后进行混凝土浇筑,试件自然养护,48 小时以后拆模。混凝土养护 20 天后进行预应力张拉,管道内灌浆后再养护 10 天,试件即可完成。CWUSC 梁正弯矩作用下 La 组试件的制作过程如图 4-2 所示。

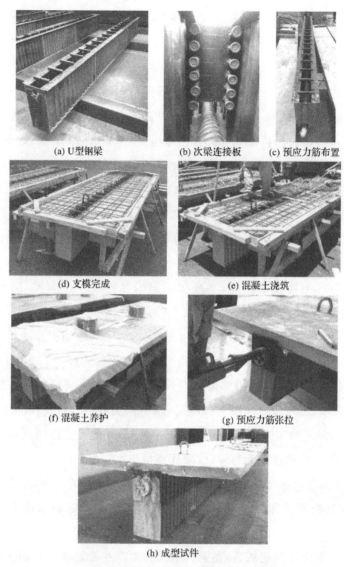

(a) U型钢梁　　　　(b) 次梁连接板　　(c) 预应力筋布置

(d) 支模完成　　　　　　　(e) 混凝土浇筑

(f) 混凝土养护　　　　　　　(g) 预应力筋张拉

(h) 成型试件

图 4-2　CWUSC 梁正弯矩试件制作过程

4.1.2　负弯矩作用下的试件设计

为研究波纹钢板-钢管混凝土组合梁在负弯矩作用下的受弯性能，本书共设计制作了两根 CWUSC 梁试件进行抗弯试验，均受负弯矩作用，编号分别为 Lb-1、Lb-2，梁长 $L=3800$mm，净跨 $L_0=3600$mm。试验设计主要考虑下翼缘钢板厚度的影响。

外包 U 形钢和槽钢抗剪件均采用 Q345 钢材，混凝土强度为 C40。负弯矩组合梁试件均施加预应力，预应力钢绞线采用公称直径为 15.2mm 的 1860 级钢绞线。

试件纯弯段混凝土板内布置四根直径 12mm 的 HRB400 螺纹钢筋。本次试验通过倒置加载的方式来研究 CWUSC 梁在负弯矩作用下的受力情况,考虑到倒置加载时混凝土板受拉对性能影响不大,因此混凝土板的宽度均为 280mm,厚度均为 60mm。

试件 Lb-1 的设计参数如图 4-3 所示。试件 Lb-2 的其余截面参数与 Lb-1 相同,只将下翼缘钢板厚度由 6mm 减小到 2mm,以对比下翼缘钢板厚度对 CWUSC 梁负弯矩作用下受弯性能的影响。以上两个试件的基本参数见表 4-2。

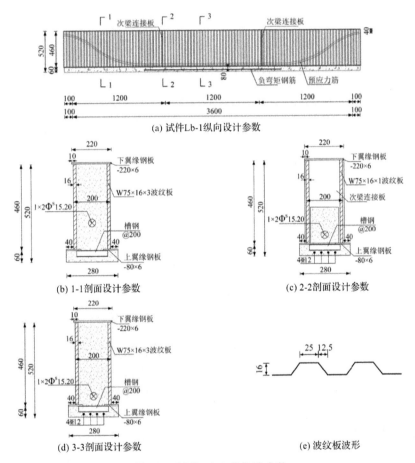

图 4-3　试件 Lb-1 的设计参数

表 4-2　CWUSC 梁 Lb 组试件对比参数

试件	梁高 h/mm	梁宽 b/mm	混凝土板宽度 b_f/mm	下翼缘钢板厚度 t_d/mm	上翼缘钢板厚度 t_u/mm	预应力筋
Lb-1	520	200	280	6	6	$1×2\Phi^s15.20$
Lb-2	520	200	280	2	6	$1×2\Phi^s15.20$

CWUSC 梁试件 Lb-1、试件 Lb-2 均采用后张法施加预应力，均布置两根七丝公称直径为 15.2mm 的 1860 级钢绞线。浇筑混凝土前在外包 U 形钢梁内布置直径为 65mm 的波纹管，试件纯弯段波纹管轴线到混凝土板顶面的距离为 80mm，支座处波纹管轴线到梁底面的距离为 40mm。预应力布筋情况见图 4-3(a)，纯弯段的预应力筋水平布置。倒置加载时纯弯段内的预应力筋受拉。张拉工艺和锚具构造均与 4.1.1 节一致，此处不再赘述。

负弯矩作用下的 CWUSC 梁试件采用六块波纹钢腹板、一块下翼缘钢板和两块上翼缘钢板拼焊成外包 U 形钢梁。相邻两块波纹钢板焊接在次梁连接板上以形成 U 形钢梁的腹板，如图 4-2(b)所示。纯弯段波纹腹板的厚度为 1mm，剪跨段波纹腹板的厚度为 3mm。上翼缘钢板上焊接槽钢抗剪连接件后，在梁的两端焊接端部钢板最终形成上开口的外包 U 形钢梁。之后，在钢梁内布置波纹管和预应力筋。支好混凝土板的模板后，在槽钢抗剪连接件上布置四根直径为 12mm 的负弯矩钢筋，再浇筑混凝土。混凝土养护 20 天后进行预应力张拉并在管道内灌浆。其余制作过程与 4.1.1 节一致，此处不再赘述。CWUSC 梁负弯矩作用下 Lb 组试件的制作过程见图 4-4。

(a) U 型钢梁　　　　(b) 预应力筋布置　　　　(c) 支模完成

(d) 混凝土浇筑　　　　(e) 混凝土养护　　　　(f) 预应力张拉完成

图 4-4　CWUSC 梁负弯矩试件制作过程

4.2　材料性质试验

4.2.1　混凝土材料性质试验

所有 CWUSC 梁试件均为同一批 C40 商品混凝土同期浇筑,在浇筑新型组合梁的同时,制作六个边长为 150mm 的混凝土标准立方体试块,与组合梁在同样条件下进行养护。在江南大学环境与土木工程学院试验室的 200t 电子万能试验机上完成混凝土标准试件的强度测试,表 4-3 为 CWUSC 梁试件混凝土的材料性质结果。混凝土轴心抗压强度 f_c 由 $0.76f_{cu,k}$ 计算得到,平均值为 35.3N/mm²。弹性模量 E_c 由公式(4-1)计算得出,平均值为 $3.39 \times 10^4 N/mm^2$。

$$E_c = \frac{10^5}{2.2 + \dfrac{34.7}{f_{cu,k}}} \tag{4-1}$$

表 4-3　混凝土材料性质结果

试件	立方体抗压强度标准值 $f_{cu,k}$/MPa	轴心抗压强度标准值 f_c/MPa	弹性模量 $E_c/10^4$ MPa
1	47.2	35.9	3.41
2	46.8	35.6	3.40
3	48.4	36.8	3.43
4	43.5	33.1	3.34
5	47.1	35.8	3.41
6	45.9	34.9	3.38
平均值	46.5	35.3	3.39

4.2.2　钢材材料性质试验

正弯矩作用下 CWUSC 梁试件采用名义厚度分别为 1mm、3mm、4mm 和 6mm 的 Q345 钢板。在加工过程中,在试件的下料板材上按标准拉伸试件的尺寸进行取材,以获得钢板材料性质的真实数据。钢板标准拉伸试件的尺寸按规范《金属材料 拉伸试验 第 1 部分:室温试验方法》(GB/T 228.1—2021)[12]加工。每种厚度的钢板各制取三个试件,槽钢抗剪连接件也制取三个试件。最终每组拉伸试件取平均值以获得准确的钢板材料性质性能。材料性质试验在江南大学环境与土木工程学院试验室的 200t 电子万能试验机上完成。

负弯矩作用下 CWUSC 梁试件采用名义厚度分别为 1mm、2mm、3mm 和 6mm 的 Q345 钢板。试样制取和试验方法与 La 组试件相同，此处不再赘述。因为负弯矩 Lb 组试件 1mm、3mm、6mm 名义厚度的钢板和槽钢下料钢材与 La 组试件采用的是同一批，因此 Lb 组试件只需再制作三个 2mm 厚钢板标准拉伸试件。正、负弯矩作用下试件的钢板材料性质指标实测值见表 4-4。负弯矩钢筋为直径 12mm 的 HRB400 螺纹钢筋，按照规范制作三个标准拉伸试件并进行拉伸试验测试，测得其屈服强度平均值 f_y 为 443MPa，极限强度平均值 f_u 为 615MPa，伸长率平均值 δ 为 26%。

表 4-4　钢板材料性质结果

钢板名义厚度/mm	试件	标距 l_o/mm	实测厚度 t/mm	屈服强度 f_y/MPa	极限强度 f_u/MPa	弹性模量 E_s/10^5 MPa	泊松比 ν	强屈比
1	A-1	40	0.94	422.87	495.21	2.00	0.27	1.17
	A-2	40	1.00	396.94	465.50	1.98	0.25	1.17
	A-3	40	1.02	420.59	487.75	1.99	0.28	1.16
	平均值	40	0.99	413.47	482.82	1.99	0.27	1.17
3	B-1	60	2.94	417.35	564.63	2.05	0.27	1.35
	B-2	60	2.76	449.64	614.13	2.02	0.29	1.37
	B-3	60	2.86	438.91	586.39	2.00	0.29	1.34
	平均值	60	2.85	435.30	588.38	2.02	0.28	1.35
4	C-1	70	4.00	453.13	566.25	2.01	0.28	1.25
	C-2	70	3.92	454.21	573.98	2.02	0.26	1.26
	C-3	70	3.82	487.96	603.40	2.01	0.29	1.24
	平均值	70	3.91	465.10	581.21	2.01	0.28	1.25
6	D-1	80	5.48	525.09	625.91	2.00	0.27	1.19
	D-2	80	5.76	514.50	619.79	1.99	0.28	1.20
	D-3	80	5.62	517.97	621.89	2.05	0.29	1.20
	平均值	80	5.62	519.19	622.53	2.01	0.28	1.20
3（槽钢）	E-1	60	2.78	357.73	530.58	2.00	0.28	1.48
	E-2	60	2.82	420.13	586.85	2.00	0.25	1.40
	E-3	60	2.86	429.02	578.67	2.03	0.26	1.35
	平均值	60	2.82	402.29	565.37	2.01	0.26	1.41
2	F-1	50	1.96	520.15	618.88	2.00	0.27	1.19
	F-2	50	1.88	564.10	664.89	2.02	0.25	1.18
	F-3	50	2.03	508.87	599.26	1.99	0.30	1.18
	平均值	50	1.96	531.04	627.68	2.00	0.28	1.18

预应力 CWUSC 梁试件中的预应力筋为七丝公称直径 15.2mm 的钢绞线，钢绞线的力学性能由生产厂家提供，极限强度 f_{ptk} 为 1860MPa，弹性模量 E_s 为 $1.95 \times 10^5 \text{N/mm}^2$。

4.3　加载装置及测点布置

4.3.1　加载方式

为研究 CWUSC 梁在正弯矩作用下的受力情况，波纹钢板-钢管混凝土组合梁的受弯试验在 1000t 多功能试验机上完成。试验为两点对称加载，纯弯段长为 1200mm，试验加载装置如图 4-5(a)所示。

加载制度：先进行预加载，确认各个测点的数据无误后，开始正式加载。加载初期采用荷载控制分级加载，每级荷载为预计极限荷载的 1/10，每级荷载持续约 2min，当接近下翼缘钢板屈服时（通过观测下翼缘钢板应变测点判断），改用位移控制分级加载，每级加载 2mm，接近极限荷载时改用位移控制连续加载，当试件跨中挠度达到 72mm（净跨的 1/50）或荷载降至极限荷载的 85％以下时，停止加载。

为研究 CWUSC 梁在负弯矩作用下的受力情况，将组合梁试件倒置，在 1000t 多功能试验机上进行自上而下的两点对称加载，通过分配梁将荷载传递至试件梁的加载点处，加载点之间的距离为 1200mm。在试件支座处垫一块约 150mm 宽的钢板，以避免倒置加载时支座处的混凝土板被局部压碎。试验加载装置如图 4-5(b)所示。

(a) 正弯矩作用下

(b) 负弯矩作用下

图 4-5   加载装置

　　加载制度与正弯矩作用下的试件一致：先进行预加载，待确认无误后再正式加载。初期采用荷载控制分级加载，每级荷载为预计极限荷载的 1/10，每级荷载持续约 2min。当观测上翼缘钢板应变测点判断上翼缘钢板接近屈服时，改位移控制分级加载，每级位移 2mm。接近极限荷载时改为位移控制连续加载方式，当试件跨中挠度达到净跨 1/50(72mm)或荷载降至极限荷载的 85% 以下时，停止加载。

4.3.2   测点布置

4.3.2.1   正弯矩作用下的试件

　　为观测 CWUSC 梁试件在加载过程中的变形发展，此次试验在试件的跨中截面、加载点截面和支座处共布置五个位移计。位移计 L1 测量组合梁跨中的挠度；位移计 L2 和 L3 布置在加载点处；位移计 L4 和 L5 测量支座沉降，以修正跨中挠度值。另外，在组合梁两端布置位移计 L6、L7，以测量混凝土板与上翼缘钢板之间的滑移。梁试件侧应变片和位移计布置如图 4-6(a)所示。

　　为观测 CWUSC 梁在正弯矩作用下 U 形钢、梁内混凝土和混凝土板的应变发展过程，在 La 组每个试件的混凝土板顶面跨中截面处布设应变片 CP1～CP5，用以测量混凝土板的应变。在波纹腹板跨中截面处自上翼缘钢板至下翼缘钢板方向布设五个应变片 SC1～SC5，在上翼缘钢板跨中截面处布设应变片 SU1，在下翼缘钢板跨中截面沿梁宽方向布设三个应变片 SD1～SD3，以研究外包 U 形钢梁的受力情况，跨中截面应变片如图 4-6(b)所示。

为观察外包 U 形钢梁内混凝土的应变情况,试件制作过程中在组合梁试件的纯弯段内预埋了三根贴着应变片的亚克力棒。由于亚克力棒的弹性模量与混凝土十分接近,能与混凝土共同变形,因此通过读取亚克力棒上应变片(CN1~CN3)的值来得到钢梁内混凝土的应变值,与混凝土板顶面、上翼缘钢板和下翼缘钢板上所贴的应变片共同验证平截面假定,亚克力棒的布置如图 4-6(c)所示。无外伸混凝土板的试件(La-4、La-5 和 La-6)混凝土板上只设置应变片 CP3,其余布置与图 4-6一致。

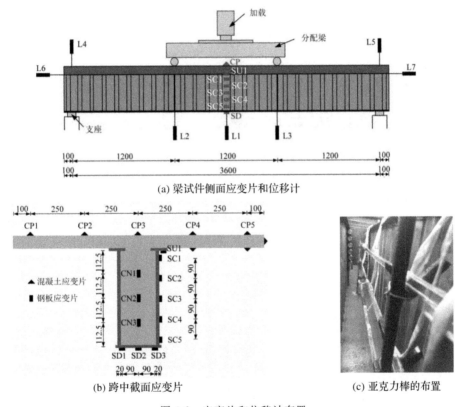

(a) 梁试件侧面应变片和位移计

(b) 跨中截面应变片

(c) 亚克力棒的布置

图 4-6　应变片和位移计布置

4.3.2.2　负弯矩作用下的试件

试验采用位移计来测量 CWUSC 梁特征截面的变形发展,每根梁布置七个位移计,如图 4-7(a)所示。位移计 L1、L2、L3 分别布置在组合梁跨中与加载点处;位移计 L4 和 L5 布置在组合梁的支座处,以观测支座沉降;位移计 L6 和 L7 布置在组合梁两端,以测量混凝土板与上翼缘钢板之间的滑移。

　　为观测 CWUSC 梁在负弯矩作用下 U 形钢、负弯矩钢筋和混凝土板的应变发展过程,测点布置如下:在跨中截面处的上翼缘钢板布设应变片 FSU1,波纹腹板自上翼缘钢板至下翼缘钢板方向布设应变片 FSC1～FSC5,下翼缘钢板沿梁宽度方向布设应变片 FSD1～FSD3,以观测外包 U 形钢梁跨中截面的应变发展。负弯矩钢筋跨中截面处布设应变片 FSG1～FSG4,用以测量负弯矩钢筋的应变。在混凝土板顶跨中截面处布设应变片 FCP1,以研究混凝土板的受力情况。位移计和应变片具体布置如图 4-7 所示。

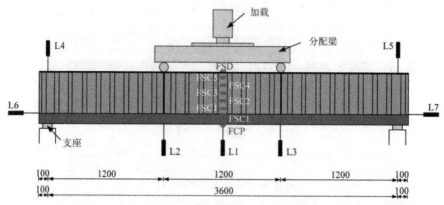

(a) 试验梁Lb-1侧面应变片和位移计布置

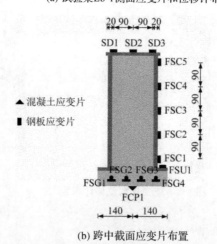

(b) 跨中截面应变片布置

图 4-7　位移计和应变片布置

4.4　试验现象

4.4.1　试件 La-1

在加载初期,采用荷载控制分级加载,试件 La-1 的挠度随荷载呈线性增长。当加载至 200kN($0.28P_u$)时,根据《混凝土结构试验方法标准》(GB/T 50152—2012)[49]规定,弯曲挠度达到跨度的 1/50 时可认为已达到承载力极限状态,取此时荷载为试件的极限荷载(P_u),试件的混凝土板受压区在槽钢的上方从左加载点往支座方向出现了一条长约 70mm 的纵向裂缝。当加载至 220kN($0.31P_u$)时,之前的纵向裂缝已从左加载点延伸至右加载点。当继续加载至 340kN($0.48P_u$)时,在右加载点处出现了另一条纵向裂缝,这是因为槽钢侧面与混凝土板存在剪力,两者间发生相对错动。

当加载至 400kN($0.56P_u$)时,观测到下翼缘钢板测点达到屈服应变,改为位移控制分级加载。当荷载为 480kN($0.68P_u$)时,板顶纵向裂缝已发展到支座处,如图4-8(a)所示。加载过程中可以听到"哒哒"的声响,这是梁内混凝土与 U 形钢相互挤压的声音。当加载至 624kN($0.88P_u$)时,纯弯段混凝土板底出现横向裂缝,继续加载,裂缝逐渐增多并向板内外延伸。当加载至 703kN($0.99P_u$)时,试件混凝土板底已出现较多的横向裂缝,如图 4-8(b)所示。

当荷载达到 714kN($1.01P_u$)时,试件发出巨响,分析其原因是试件 La-1 的两根预应力钢绞线布筋时大概率绕在一起,加载过程中预应力筋绷直引起巨响,荷载下降到 678kN($0.96P_u$)后又开始上升。当加载至跨中挠度为 72mm 时,荷载为708kN,可认为已达到承载力极限状态,此时荷载为试件 La-1 的极限荷载 P_u。

当继续加载到 720kN($1.02P_u$)附近,此时跨中挠度约为 79mm,试件再次发出巨响,当荷载急剧下降到 580kN($0.82P_u$)后保持稳定,分析其原因是其中的一根预应力钢绞线被拉断,其判断依据是在张拉预应力筋时由于张拉失误退锚重新张拉导致预应力筋损伤。当继续加载时,荷载开始缓慢上升,试件挠度迅速增长,跨中的混凝土板被严重压碎,如图 4-8(c)所示,加载结束。试件 La-1 的极限荷载 P_u 为708kN,对应的极限弯矩值为 424.8kN·m。通过观测试验现象发现,试验过程中混凝土板与外包 U 形钢之间未出现明显滑移和掀起,如图 4-8(d)所示,纯弯段的波纹钢腹板未出现明显屈曲现象。试件 La-1 最终为弯曲破坏,试验现象如图 4-8(e)所示。

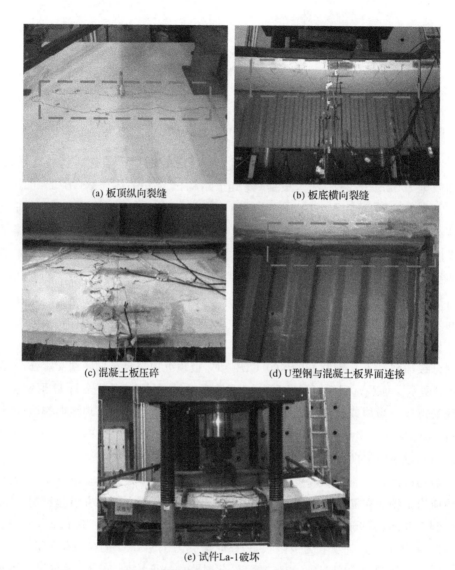

(a) 板顶纵向裂缝　　　　　　　　(b) 板底横向裂缝

(c) 混凝土板压碎　　　　　　(d) U型钢与混凝土板界面连接

(e) 试件La-1破坏

图 4-8　试件 La-1 的试验现象

4.4.2　试件 La-2

将试件 La-2 与试件 La-1 对比，研究预应力对 CWUSC 梁正弯矩作用下受弯性能的影响，其截面参数与试件 La-1 相同，但未施加预应力。初期采用荷载控制分级加载，加载到 240kN($0.64P_u$)时，观测到跨中截面下翼缘钢板受拉屈服，之后改为位移控制分级加载，其间除了出现混凝土与钢板相互挤压的"哒哒"声外，未出现其他明显现象。

当荷载达到 260kN($0.70P_u$) 时,混凝土板受压区槽钢的上方从左加载点往支座方向出现了四条长约 30mm 的纵向裂缝。当加载到 280kN($0.75P_u$) 时,纵向裂缝已向支座和跨中发展,如图 4-9(a) 所示。当荷载为 326kN($0.87P_u$) 时,加载点附近的混凝土板底出现两条横向裂缝,继续加载时,横向裂缝数量增多且逐渐延伸至混凝土板的边缘,如图 4-9(b) 所示。

当加载到 374kN 时,跨中挠度为 72mm,可认为试件已到极限承载力状态。当继续加载至 400kN($1.07P_u$) 左右,荷载几乎保持不变,试件跨中挠度急剧增长。当加载到 407kN($1.09P_u$) 时,此时跨中挠度为 126.3mm,跨中与右加载点之间的混凝土板被压碎,如图 4-9(c) 所示,加载结束。试件 La-2 的极限荷载 P_u 为 374kN,对应的极限弯矩值为 224.4kN·m。整个试验过程中,混凝土板与外包 U 形钢之间没有出现滑移和掀起,如图 4-9(d) 所示。右加载点处的钢腹板底部略微有屈曲,如图 4-9(e) 所示。试件 La-2 最终为弯曲破坏,试验现象如图 4-9(f) 所示。

(a) 板顶纵向裂缝

(b) 板底横向裂缝

(c) 混凝土板压碎

(d) U 型钢与混凝土板界面连接

(e) 加载点处钢腹板底部屈曲　　　　　　　(f) 试件La-2破坏

图 4-9　试件 La-2 的试验现象

4.4.3　试件 La-3

将试件 La-3 与试件 La-1 对比，研究抗剪连接件数量对 CWUSC 梁正弯矩作用下受弯性能的影响，其截面参数与试件 La-1 相同，但抗剪连接件数量是试件 La-1 的 50%。初期采用荷载控制分级加载，当加载到 360kN($0.53P_u$)时，观测到跨中下翼缘钢板达到屈服应变，随后改为位移控制分级加载。其间，除板底出现一些细小裂缝以外，并无其他明显现象。

当荷载达到 552kN($0.81P_u$)时，发现剪跨段混凝土板发生掀起，与上翼缘钢板已经脱开，如图 4-10(a)所示。当加载到 646kN($0.95P_u$)时，两条平行的纵向裂缝出现在槽钢上方的混凝土板顶，如图 4-10(b)所示，并随着荷载的增加往试件的两端延伸。当加载至 678kN 时，跨中挠度为 72mm，可认为试件已到极限承载力状态。

当继续加载到 685kN($1.01P_u$)，此时跨中挠度为 83.5mm，荷载开始缓慢下降，挠度急剧增长。当跨中挠度达到 130.2mm 时，试件发出巨响，加载点处的下翼缘钢板被拉断，如图 4-10(c)所示，加载结束。通过观察得知，拉断位置在加载点处的焊缝应力集中处，钢板拉断与加工精度有关，且存在偶然性。

组合梁试件 La-3 的极限荷载 P_u 为 678kN，对应的极限弯矩值为 406.8kN·m。由于混凝土板发生掀起，下翼缘钢板被拉断时混凝土板并未出现像试件 La-1 的混凝土板被严重压碎的现象，只在板底纯弯段内存在一些细微裂缝，如图 4-10(d)所示。混凝土板顶的纵向裂缝已延伸至支座，如图 4-10(e)所示。试件 La-3 最终为混凝土板竖向掀起破坏，试验现象如图 4-10(f)所示。

(a) 剪跨段混凝土板掀起　　　　　　　　(b) 板顶纵向裂缝

(c) 板底的裂缝发展　　　　　　　　(d) 板顶纵向裂缝延伸至支座

(e) 下翼缘钢板拉断　　　　　　　　(f) 试件La-3破坏

图 4-10　试件 La-3 的试验现象

4.4.4　试件 La-4

将试件 La-4 与试件 La-1 对比,研究混凝土板有效宽度对 CWUSC 梁正弯矩作用下受弯性能的影响,其截面参数与试件 La-1 相同,混凝土板宽度为 280mm。试验初期采用荷载控制分级加载,当加载至 140kN($0.24P_u$)时,开始出现混凝土与钢板相互挤压的"哒哒"声,此外未出现其他明显试验现象。当加载到 380kN($0.66P_u$)时,观测到跨中下翼缘钢板受拉屈服,之后改为位移控制分级加载。

当加载至 504kN($0.88P_u$)时,跨中挠度为 20.6mm,由于受混凝土内预埋应变片的影响,混凝土板侧面在加载点附近应变片导线伸出的位置处出现了两条沿梁跨度方向的纵向裂缝。当继续加载至 525kN($0.92P_u$)时,纵向裂缝向板顶发展,加载点附近的混凝土被压碎,如图 4-11(a)所示。当荷载开始稍稍下降至 501kN

(0.88P_u),此时虽然部分混凝土板退出工作,但钢梁和剩余混凝土仍能够继续承载。当继续加载,荷载值缓慢增加,挠度急剧增长。

当荷载为 511kN(0.89P_u)时,混凝土板受压区在槽钢的上方出现了一条纵向裂缝,如图 4-11(b)所示,混凝土板已基本退出工作。当继续加载,荷载值缓慢增加,混凝土板破坏严重,如图 4-11(c)所示。当加载至 571kN 时,跨中挠度为 72mm,可认为 La-4 已到极限承载力状态。继续加载,观测到随着荷载的继续增加,试验曲线始终未出现下降段,加载至试件跨中挠度为 90mm 时,加载结束。试件 La-4 的极限荷载 P_u 为 571kN,对应极限弯矩值为 342.6kN·m。试验过程中纯弯段的波纹钢腹板并未出现明显屈曲现象,试件 La-4 为弯曲破坏,试验现象如图 4-11(d)所示。

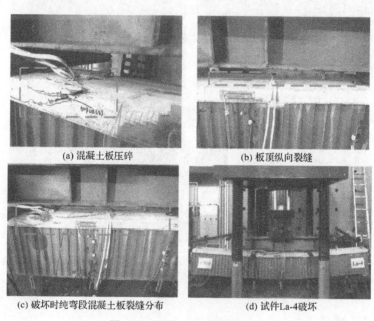

(a) 混凝土板压碎　　　(b) 板顶纵向裂缝

(c) 破坏时纯弯段混凝土板裂缝分布　　　(d) 试件La-4破坏

图 4-11　试件 La-4 的试验现象

4.4.5　试件 La-5

试件 La-5 的截面参数与试件 La-4 相同,但未施加预应力,可以与试件 La-2 对比混凝土板宽度,与试件 La-4 对比预应力对 CWUSC 梁正弯矩作用下受弯性能的影响。试验开始时,采用荷载控制分级加载,初期没有出现明显现象。当加载至 260kN(0.80P_u)时,观测到试件跨中截面的下翼缘钢板受拉屈服,改用位移控制加载,混凝土与钢板挤压的"哒哒"声出现较频繁。当加载至 313kN(0.96P_u)时,此时跨中挠度为 34.9mm,加载点附近的混凝土板侧面出现一条沿跨度方向长约 40cm 的纵向裂缝和一些细小纵向裂缝。

当挠度增加到 45.3mm 时,之前板侧出现的纵向裂缝与板顶的横向裂缝贯通,此时混凝土板已被压碎,如图 4-12(a)所示。当荷载稍稍下降至 306kN($0.94P_u$),此时虽然部分混凝土退出工作,但钢梁和剩余混凝土仍能够继续承载,继续加载时,荷载值缓慢增加,混凝土板破坏严重,如图 4-12(b)所示。

当加载至跨中挠度为 72mm 时,此时荷载达到 326kN,可认为 La-5 已达到极限承载力状态。继续加载,试验曲线始终未出现下降段,加载至试件跨中挠度约为 90mm 时,加载结束。试件 La-5 的极限荷载 P_u 为 326kN,对应极限弯矩值为 195.60kN·m。试件 La-5 为弯曲破坏,试验现象如图 4-12 所示。

(a) 板侧纵向裂缝贯通板顶横向裂缝　　　　(b) 试件La-5破坏后纯弯段裂缝发展

(c) 试件La-5破坏

图 4-12　试件 La-5 的试验现象

4.4.6　试件 La-6

将试件 La-6 与试件 La-5 对比,研究下翼缘钢板栓钉对 CWUSC 梁正弯矩作用下受弯性能的影响,在下翼缘钢板中部沿梁跨度方向布置一排直径为 16mm 的栓钉,间距为 200mm。当加载至 280kN($0.74P_u$)时,跨中截面下翼缘钢板受拉屈服,改用位移控制加载。其间试件有“哒哒”的声响,说明内部混凝土与钢板已相互挤压。

当加载至 361kN($0.95P_u$)时,纯弯段的混凝土板侧面发展出一条纵向裂缝,纵向裂缝出现在槽钢高度位置,距离板顶大约 30mm。由于钢梁内混凝土中预埋应变片的影响,混凝土板顶在应变片导线伸出的位置先出现了一条横向裂缝与板侧纵向裂缝贯通,如图 4-13(a)所示。随着加载的进行,侧面的纵向裂缝慢慢变宽,且"哒哒"的声音出现频率越来越高。

当加载到 369kN($0.98P_u$)时,跨中挠度为 39.7mm,加载点附近的纵向裂缝延伸到整个纯弯段,如图 4-13(b)所示。当加载至跨中挠度为 46.4mm,加载点附近的上层混凝土被压碎,如图 4-13(c)所示。当荷载稍稍下降至 363kN($0.96P_u$),此时虽然部分混凝土板退出工作,但钢梁和剩余混凝土仍能够继续承载。继续加载,荷载值缓慢增加。

当跨中挠度到 72mm,此时荷载为 378kN,可认为 La-6 已达到极限承载力状态。继续加载,试验曲线始终未出现下降段,加载至试件跨中挠度约为 90mm 时,加载结束。试件 La-6 的极限荷载 P_u 为 378kN,对应极限弯矩值为 226.80kN·m。试件 La-6 为弯曲破坏,试验现象如图 4-13 所示。

(a) 板侧纵向裂缝贯通板顶横向裂缝   (b) 板侧纵向裂缝贯穿纯弯段

(c)上部混凝土被压碎   (d) 试件La-6破坏

图 4-13　试件 La-6 的试验现象

4.4.7　试件 La-7

将试件 La-7 与试件 La-5 对比,验证梁内混凝土对 CWUSC 梁的影响,其截面参数与 La-5 相同,但没有浇筑混凝土,为纯钢梁。当加载到 $90kN(0.36P_u)$ 时,加载点处的上部钢腹板略微鼓起,如图 4-14(a)所示,此外无其他明显现象。当加载至 $160kN(0.63P_u)$ 时,观测到试件跨中截面下翼缘钢板受拉屈服,故改用位移控制加载。

当继续加载到荷载值为 253kN 时,跨中上翼缘钢板开始屈曲,如图 4-14(b)所示,带动钢腹板发生侧向失稳破坏。继续加载,荷载开始下降,破坏突然发生,延性较差。试件 La-7 的极限荷载 P_u 为 253kN,对应极限弯矩值为 226.80kN·m。这说明梁内混凝土的存在能明显改善外包钢板的屈曲情况,明显提高了承载力。试件 La-7 为侧向失稳破坏,试验现象如图 4-14 所示。

(a) 加载点处上部腹板鼓起

(b) 上翼缘钢板屈曲

(c) 试件La-7破坏

图 4-14　试件 La-7 的试验现象

4.4.8　试件 Lb-1

CWUSC 梁试件 Lb-1 为基准试件。当荷载控制加载至 $160kN(0.22P_u)$ 时,加载点附近槽钢位置处的混凝土板出现第一条横向裂缝,当继续加载至 180kN $(0.25P_u)$ 时,混凝土板在槽钢位置处接着出现了三条横向裂缝且延伸至板侧。当加载到340kN($0.47P_u$)时,纯弯段以及弯剪段靠近加载点处的混凝土板上等间距地出现了横向裂缝,如图4-15(a)所示,横向裂缝主要出现在板内槽钢布置的位置。混凝土板侧在加载点附近出现了一条从负弯矩钢筋布置位置向加载点处延伸的斜裂缝,如图4-15(b)所示。当加载至380kN($0.53P_u$)时,混凝土板弯剪段在槽钢布置处也出现了横向裂缝,如图4-15(c)所示。

当继续加载至540kN($0.75P_u$)时,观测到上翼缘钢板受拉屈服,此时跨中混凝土板底裂缝已经较宽,如图4-15(d)所示,混凝土板已基本退出工作,其间除了之前出现的裂缝越来越宽以外,无其他明显现象,之后改用位移控制加载。当荷载增至692kN($0.96P_u$)时,纯弯段内靠近左加载点的下翼缘钢板出现了局部受压屈曲,如图4-15(e)所示,板底的混凝土有剥落现象。继续加载,局部屈曲的下翼缘钢板变形越来越严重,当荷载达到717kN(P_u)时,此时跨中挠度为63.8mm,荷载开始缓缓下降至705kN($0.98P_u$)时,局部屈曲的下翼缘钢板与钢腹板撕开,如图4-15(f)所示,荷载迅速下降,试件已不能继续承载。试件Lb-1的极限荷载P_u为717kN,对应极限弯矩值为430.2kN·m。其试验现象如图4-15所示。

(a) 纯弯段混凝土板横向裂缝

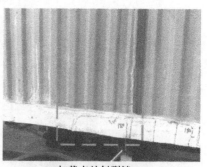

(b) 加载点处斜裂缝

(c) 弯剪段混凝土板横向裂缝

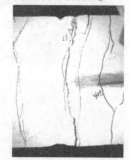

(d) 跨中混凝土板横向裂缝

(e) 下翼缘钢板受压屈曲　　　　　　(f) 下翼缘钢板与钢腹板撕开

图 4-15　试件 Lb-1 的试验现象

4.4.9　试件 Lb-2

将试件 Lb-2 与试件 Lb-1 对比,研究下翼缘钢板厚度对 CWUSC 梁负弯矩作用下受弯性能的影响,下翼缘钢板的厚度减小为 2mm。试件 Lb-2 由于下翼缘钢板较薄,焊接时出现了均匀的轻微局部屈曲现象,如图 4-16(a)所示。当加载至 140kN($0.23P_u$)时,纯弯段和加载点附近弯剪段的混凝土板在槽钢抗剪件位置处出现了延伸至板侧的横向裂缝,如图 4-16(b)所示。当荷载增至 240kN($0.40P_u$)时,加载点附近出现一条从负弯矩钢筋布置位置向加载点延伸的斜裂缝。继续加载,裂缝继续延伸且越来越宽,下翼缘钢板的初始屈曲位置的屈曲程度逐渐加深,此外无其他明显现象。

当荷载增至 460kN($0.76P_u$)时,观测到上翼缘钢板受拉屈服,此时纯弯段的裂缝已经较宽,加载点处的裂缝最宽,之后改为位移控制加载。当继续加载至 569kN($0.94P_u$)时,右加载点位置处的混凝土板中部有混凝土剥落,如图 4-16(c)所示。当荷载加载至 579kN($0.96P_u$)时,之前左加载点位置处出现斜裂缝的混凝土掉落,露出负弯矩钢筋,如图 4-16(d)所示,此时荷载增长缓慢,挠度增长迅速。继续加载,下翼缘钢板各处的局部屈曲均越来越严重,纯弯段右加载点附近的一处屈曲最为严重。

当荷载缓慢上升至 604kN(P_u)后维持不变。继续加载,下翼缘钢板纯弯段右加载点附近的一处屈曲发展迅速,与钢腹板有撕开趋势,此处的钢腹板明显向外鼓起,如图 4-16(e)所示,荷载开始下降,试件破坏。试件 Lb-2 的极限荷载 P_u 为 604kN,对应极限弯矩值为 362.4kN·m。试件 Lb-2 破坏时混凝土剥落的情况明显比 Lb-1 严重。其试验现象如图 4-16 所示。

(a) 下翼缘钢板初始屈曲   (b) 横向裂缝延伸至板侧

(c) 右加载点混凝土剥落   (d) 左加载点混凝土剥落露出负弯矩钢筋

(e) 下翼缘钢板和钢腹板变形严重   (f) 试件Lb-2破坏

图 4-16　试件 Lb-2 的试验现象

4.5　试验结果分析

4.5.1　荷载-跨中挠度曲线

在正弯矩作用下,各试件的荷载-跨中挠度曲线如图 4-17 所示,其中跨中挠度 72mm 处的竖直虚线对应各试件的极限荷载 P_u。在加载初期,挠度线性增长;随着荷载的增加,曲线的斜率逐渐降低;接近极限荷载时,荷载平缓增长。除了存在加工问题的试件 La-1 外,其他试件的曲线均未出现下降段。当加载结束时,试件的跨中挠度与跨度之比均大于 1/40,说明 CWUSC 梁的延性较好。

由图 4-17(a)的对比曲线可以看出:与试件 La-1 相比,试件 La-2 未施加预应力,试件 La-2 承载力明显下降,为试件 La-1 的 52.8%;与试件 La-4 相比,试件 La-5 未施加预应力,试件 La-5 承载力明显下降,为试件 La-4 的 57.1%。这说明 CWUSC 梁施加预应力能明显提高其承载力。

由图 4-17(b)的对比曲线可以看出:试件 La-4 相比于试件 La-1,混凝土板宽度减小为 280mm,极限荷载下降 19.4%;试件 La-5 相比于试件 La-2,混凝土板宽度减小为 280mm,极限荷载下降 12.8%,说明混凝土板有效宽度对 CWUSC 梁的抗弯承载力影响较大,且对预应力 CWUSC 梁的影响更为显著。试件 La-4 曲线有下降段的原因是加载点附近的上层混凝土被压碎退出工作,荷载稍稍下降。此时部分混凝土板退出工作,但剩余混凝土与 U 形钢梁能够继续承载,继续加载,荷载值继续缓慢增加,直至加载结束荷载都未下降。

由图 4-17(c)的对比曲线可以看出:与试件 La-1 相比,试件 La-3 为部分抗剪连接,试件 La-3 的混凝土板发生掀起,未充分利用混凝土板的抗压能力,承载力降低。由于掀起发生时已达到 La-3 的屈服荷载,因此刚度变化不大。将 CWUSC 梁设计成完全抗剪连接能更好地使外包 U 形钢与混凝土共同工作。

由图 4-17(d)的对比曲线可以看出:与试件 La-5 相比,试件 La-6 在下翼缘钢板上焊接了栓钉。两者的曲线趋势基本一致,承载力略有提高,刚度变化不大表明栓钉发挥作用发生在底部混凝土开裂以后。下翼缘钢板上布置栓钉能改善钢与混凝土间的黏结,从而提高组合梁的承载力。

由图 4-17(e)的对比曲线可以看出:试件 La-7 相比试件 La-5,未浇筑钢梁内混凝土,试件发生侧向失稳破坏,承载力低,刚度小,延性差,说明梁内混凝土对组合梁的稳定性影响较大,能有效抑制外包 U 形钢局部屈曲。

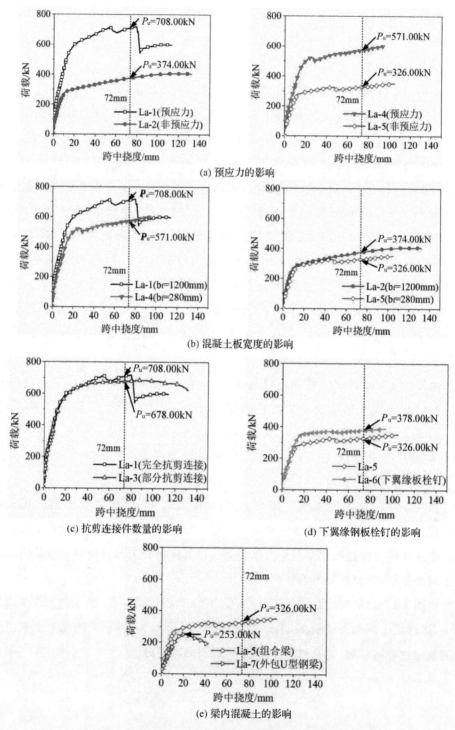

(a) 预应力的影响

(b) 混凝土板宽度的影响

(c) 抗剪连接件数量的影响

(d) 下翼缘钢板栓钉的影响

(e) 梁内混凝土的影响

图 4-17　正弯矩作用下试件的荷载-跨中挠度曲线

CWUSC 梁试件在负弯矩作用下的荷载-跨中挠度曲线如图 4-18 所示。试件 Lb-1 和 Lb-2 的曲线趋势一致；在加载初期，跨中挠度线性增长；随着混凝土板的开裂和上翼缘钢板的受拉屈服，曲线的斜率逐渐降低，组合梁的刚度逐渐减弱。当接近极限荷载时，曲线平缓增长，直至下翼缘钢板由于受压屈曲与腹板撕开，荷载下降，标志着试件破坏。组合梁在负弯矩作用下破坏时跨中挠度约为跨度的 1/50，满足《混凝土结构试验方法标准》(GB/T 50152—2012)[49] 中对试件已达到承载力极限状态的规定。试件 Lb-2 的下翼缘钢板厚度为 2mm，其极限抗弯承载力为试件 Lb-1 的 84.5%，说明增加下翼缘钢板厚度能有效增大 CWUSC 梁的抗弯承载力。

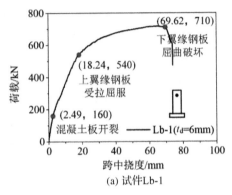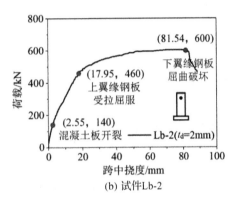

图 4-18　负弯矩作用下试件的荷载-跨中挠度曲线

表 4-5 给出了试件正弯矩作用下主要特征点的指标，其中屈服荷载 P_y 为下翼缘钢板屈服时的荷载；δ_y 为屈服荷载 P_y 对应的跨中挠度；由于曲线没有下降段，极限荷载 P_u 取跨中挠度为跨度的 1/50 时的荷载 (除试件 La-7)；δ_u 为极限荷载 P_u 对应的跨中挠度，除试件 La-7 外，该值均为 72mm。

表 4-5　正弯矩作用下试件主要特征点的指标

试件	P_y/kN	δ_y/mm	P_u/kN	δ_u/mm	μ
La-1	400	8.70	708	72.00	8.28
La-2	240	7.35	374	72.00	9.80
La-3	360	7.75	678	72.00	9.29
La-4	380	11.42	571	72.00	6.30
La-5	260	10.78	326	72.00	6.68
La-6	280	9.63	378	72.00	7.48
La-7	160	8.59	253	21.30	2.48

延性系数 $\mu=\delta_u/\delta_y$，可以反映组合梁的变形能力。图 4-19 为各试件延性系数的对比，CWUSC 梁的延性系数均大于 6，钢筋混凝土梁的延性系数一般在 3～4，说明组合梁的变形能力较好。预应力 CWUSC 梁的延性会略低于其对照的非预应力 CWUSC 梁。由于试件 La-7 为纯钢梁，未浇筑混凝土，因此延性较差。

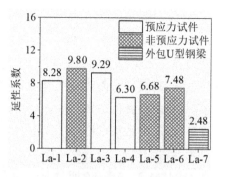

图 4-19　正弯矩下试件延性系数指标对比

表 4-6 给出了试件负弯矩作用下主要特征点的指标，其中开裂荷载 P_{cr} 为混凝土板出现第一条裂缝时的荷载；δ_{cr} 为开裂荷载 P_{cr} 对应的跨中挠度；屈服荷载 P_y 为上翼缘钢板受拉屈服时的荷载；δ_y 为屈服荷载 P_y 对应的跨中挠度；极限荷载 P_u 为荷载最大值；δ_u 为极限荷载 P_u 对应的跨中挠度；破坏荷载 P_f 为下翼缘钢板屈曲破坏时的荷载；δ_f 为破坏荷载 P_f 对应的跨中挠度；延性系数 $\mu=\delta_f/\delta_y$，反映组合梁的变形能力；CWUSC 梁在负弯矩作用下的延性系数大于 3.8，说明 CWUSC 梁在负弯矩下的变形能力较好。试件 Lb-2 的下翼缘钢板由于较薄，在钢板焊接过程中出现了均匀的局部屈曲，导致了其延性强于试件 Lb-1。

表 4-6　负弯矩作用下试件主要特征点的指标

试件	P_{cr}/kN	δ_{cr}/mm	P_y/kN	δ_y/mm	P_u/kN	δ_u/mm	P_f/kN	δ_f/mm	μ
Lb-1	160	2.49	540	18.24	717	63.8	710	69.62	3.82
Lb-2	140	2.55	460	17.95	604	71.0	600	81.54	4.54

4.5.2　混凝土板顶的荷载-应变曲线

CWUSC 梁试件混凝土板顶在正弯矩作用下的纵向应变与荷载的关系曲线如图 4-20 所示。从试件 La-1 和试件 La-2 应变片的发展趋势可以看出，完全抗剪连接的组合梁试件在加载初期，三个板顶混凝土荷载-应变曲线几乎重合，说明初期混凝土板并未出现剪力滞现象；在接近极限荷载时，板中应变片 CP3 的应变增长快于板侧应变片 CP1 和 CP2。试件 La-3 为部分抗剪连接，在加载初期就出现了剪力滞现象，板中应变片 CP3 的应变增长最快。从图 4-20 中还能得出，当 CWUSC 梁在极限荷载时，混凝土板顶应变均已达到《混凝土结构设计规范》（GB 50010—2010）[62]中定义的压应变 ε_0，$\varepsilon_0=2000\mu\varepsilon$，说明 $L_0/3$ 有效宽度内的混凝土板能发挥其抗压强度。

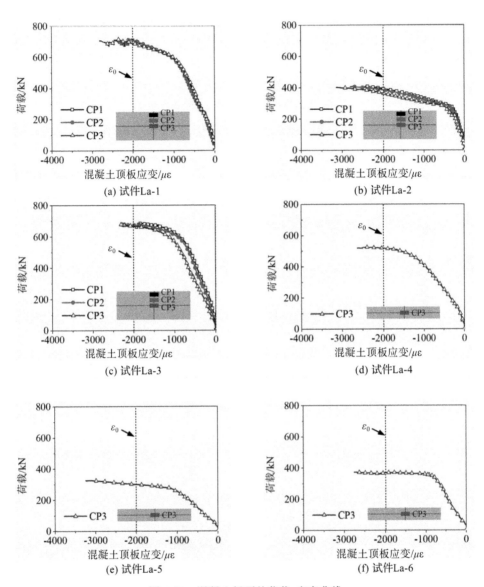

图 4-20 混凝土板顶的荷载-应变曲线

4.5.3 翼缘钢板的荷载-应变曲线

CWUSC 梁试件在正弯矩作用下的下翼缘钢板的荷载-应变曲线如图 4-21 所示,下翼缘钢板应变取跨中截面应变片 SD1～SD3 的平均值。图 4-21(a)中为预应力 CWUSC 梁试件 La-1、La-3 和 La-4,图 4-21(b)中为非预应力 CWUSC 梁试件

La-2、La-5 和 La-6。从图 4-21 可以看出，所有组合梁受力破坏时，跨中截面处的下翼缘钢板均已受拉屈服，试件表现出明显的延性。预应力 CWUSC 梁试件在下翼缘钢板屈服后荷载能进一步上升，而非预应力 CWUSC 梁试件在下翼缘钢板屈服后已接近极限荷载。CWUSC 梁试件在负弯矩作用下的跨中截面下翼缘钢板的荷载-应变曲线如图 4-21(c)所示，其中 U 形钢的下翼缘钢板应变值为三个应变片读数的平均值。从图中可以看出，组合梁破坏时，试件跨中截面处下翼缘钢板均已受压屈服，组合梁力学性能良好。

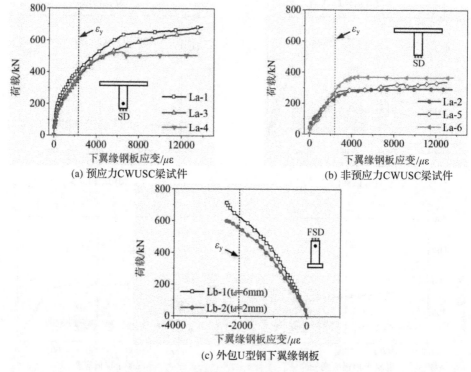

(a) 预应力CWUSC梁试件   (b) 非预应力CWUSC梁试件

(c) 外包U型钢下翼缘钢板

图 4-21   下翼缘钢板的荷载-应变曲线

CWUSC 梁试件上翼缘钢板的荷载-应变曲线如图 4-22 所示。组合梁破坏时，试件 La-1 到 La-6(除试件 La-4 外)跨中截面处的上翼缘钢板尚未屈服，这是因为上翼缘钢板在截面中和轴附近；CWUSC 梁试件上翼缘钢板先受压后受拉是因为随着荷载的增加，受拉混凝土的开裂使截面中和轴上升。试件 La-4 由于施加了预应力且没有外伸混凝土板，截面中和轴在波纹腹板内，上翼缘钢板受压屈服。钢板的屈服应变 ε_y 由实测屈服强度 f_y 计算得到。CWUSC 梁试件在负弯矩作用下的跨中截面上翼缘钢板的荷载-应变曲线如图 4-22(c)所示。从图 4-22(b)可以看出，负弯矩作用下组合梁破坏时跨中截面处的上翼缘钢板均已受拉屈服，试件表现出了明显的延性。Lb-2 由于下翼缘钢板厚度较小，相同荷载作用下，Lb-2 上翼缘钢板的应变值更大。

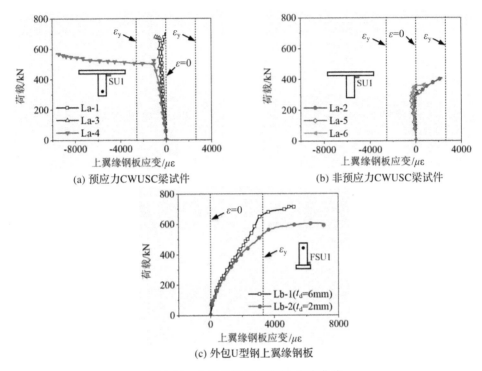

图 4-22　上翼缘钢板的荷载-应变曲线

4.5.4　波纹钢腹板的荷载-应变曲线

CWUSC 梁试件波纹钢腹板的荷载-应变曲线如图 4-23 所示，腹板跨中截面应变片为图 4-6 中的 SC1～SC5 以及图 4-7 中的 FSC1～FSC5。试件 La-1～La-6 的 SC1 应变片均未达到屈服应变，应变值一直较小，这是因为其在中和轴附近。试件 La-4 的 SC1 和 SC2 应变读数均是负值，说明其中和轴在应变片 SC2 下方。试件 Lb-1 和 Lb-2 的 FSC5 应变片均为负值，FSC4～FSC1 应变片均为正值，说明试件梁的中和轴在波纹腹板的应变片 FSC5～FSC4 之间。

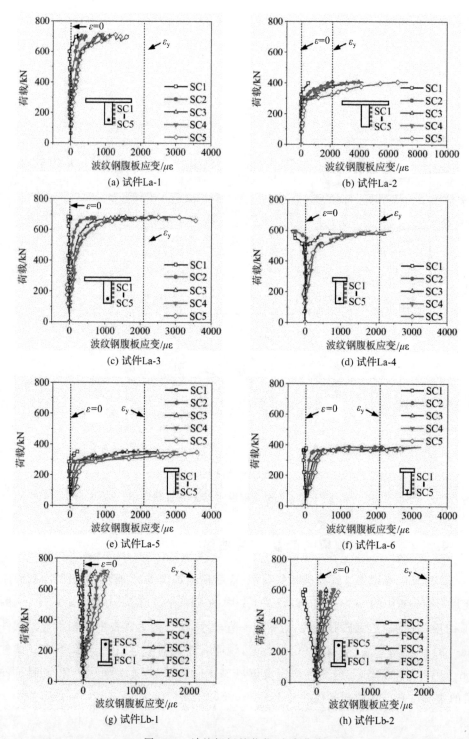

图 4-23　波纹钢板的荷载-应变曲线

未施加预应力的试件 La-2 腹板应变值明显大于其对照组 La-1,未施加预应力的试件 La-5 和 La-6 腹板应变值明显大于其对照组 La-4。未施加预应力的试件 La-2、La-5 和 La-6 破坏时,腹板应变值除 SC1 外均达到屈服应变;而预应力试件 La-1 腹板均未屈服,试件 La-3 和 La-4 只有底部两个应变片 SC4、SC5 达到了屈服应变,即沿其截面高度只有大概 30% 的腹板进入屈服阶段,这是因为施加预应力的组合梁由于波纹钢板的手风琴效应[63-64],腹板对 CWUSC 梁抗弯承载力的贡献减弱。应变片 FSC1~FSC5 直至破坏时均未达到屈服应变,这是因为负弯矩试件均施加了预应力,由于波纹钢板的手风琴效应,腹板的应变值较小,对抗弯承载力的贡献减弱。

4.5.5　跨中截面应变沿梁高度的分布曲线

CWUSC 梁在正弯矩作用下跨中截面不同荷载级别下的纵向应变沿截面高度的分布情况如图 4-24 所示,其中截面高度为沿组合梁高度方向的截面至下翼缘钢板底面的距离。加载初期可认为各个试件纵向应变呈线性分布,证明 CWUSC 梁受弯时符合平截面假定。随着荷载的增加,截面应变保持线性的范围有所降低,高度在 200mm 以上的纵向应变仍呈线性变化,依旧符合平截面假定。

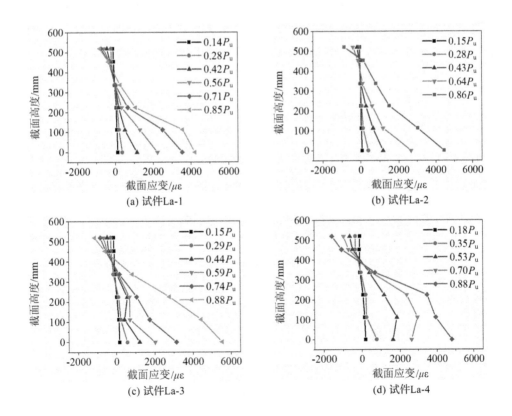

(a) 试件La-1　(b) 试件La-2　(c) 试件La-3　(d) 试件La-4

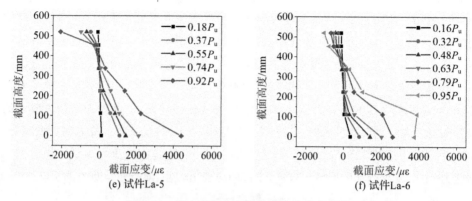

图 4-24 跨中截面应变沿梁高度的分布曲线

4.5.6 负弯矩钢筋的荷载-应变曲线

CWUSC 梁试件混凝土板内负弯矩钢筋在跨中截面处四个应变片（图 4-7 中的 FSG1～FSG4）的应变值与荷载的关系曲线如图 4-25 所示。在加载初期，四根负弯矩钢筋应变值较接近，在极限荷载时均已受拉屈服。虽然四根负弯矩钢筋间距较小，跨中截面的四个应变片应变发展趋势相差不大，但从图中能清晰看出两个试件均为板中间的钢筋（FSG2、FSG3）先于板两侧的钢筋（FSG1、FSG4）屈服。这说明在负弯矩作用下，CWUSC 梁的负弯矩钢筋能共同工作，抗拉贡献发挥较好。

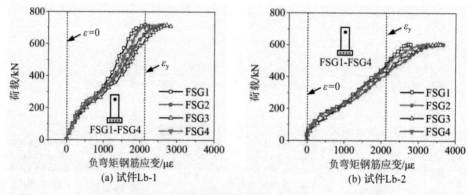

图 4-25 负弯矩钢筋的荷载-应变曲线

4.5.7 挠曲线

CWUSC 梁在加载过程中的挠曲线如图 4-26 所示。由图可以看出，组合梁试件在加载过程中沿跨度方向基本呈对称分布。在加载初期，试件挠度增长缓慢；当

加载至 $0.8P_u$ 时,大多数试件的跨中挠度已达到正常使用极限状态 $L_0/250$ 的挠度限值;当加载至极限荷载附近(约 $0.92P_u$)时,试件挠度增长迅速。试件 Lb-1 极限荷载时跨中挠度达到 $L_0/56$,试件 Lb-2 极限荷载时跨中挠度达到 $L_0/51$。由于试件 Lb-2 的下翼缘钢板较薄,钢板焊接过程中出现了均匀的局部屈曲,如图 4-16(a) 所示,因此其破坏时跨中挠度大于试件 Lb-1。

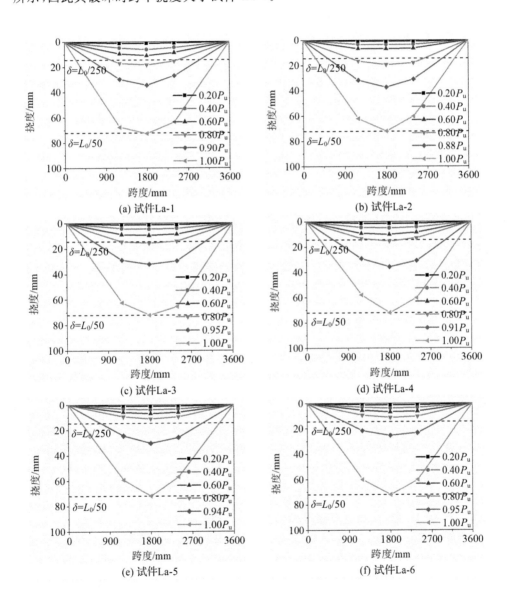

(a) 试件La-1　　　　　　　　　(b) 试件La-2

(c) 试件La-3　　　　　　　　　(d) 试件La-4

(e) 试件La-5　　　　　　　　　(f) 试件La-6

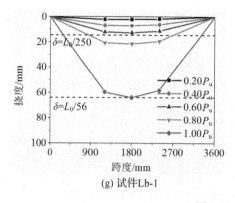

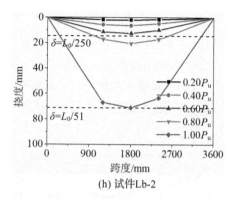

图 4-26   挠曲线

4.6   有限元分析

本书完成了波纹钢板-钢管混凝土组合梁在正、负弯矩作用下的受弯试验，试验设计中主要考虑了关键参数的影响，对参数的选取还不够广泛。因此，本章在试验的基础上，通过有限元软件 ABAQUS 分析更多参数对波纹钢板-钢管混凝土组合梁受弯性能的影响，可为抗弯承载力公式的建立提供依据。

4.6.1   有限元建模

CWUSC 梁的有限元模型主要由外包 U 形钢梁、混凝土、预应力筋和支座构成。外包 U 形钢梁由波纹钢腹板、下翼缘钢板、上翼缘钢板、次梁连接板、槽钢抗剪件和端部钢板组成，考虑到波纹钢腹板宽厚比较大，因此波纹钢腹板采用壳单元（S4R），设置五个辛普森积分点：下翼缘钢板、上翼缘钢板、次梁连接板、槽钢抗剪件和端部钢板均采用实体单元（C3D8R）。混凝土和支座采用实体单元（C3D8R）。考虑到预应力筋和混凝土板内钢筋主要受拉，因此采用桁架单元（T3D2）来进行模拟。考虑到栓钉能增强钢与混凝土间的黏结，并不直接参与受拉，对 CWUSC 梁完全抗剪连接时影响较小，因此本章不考虑栓钉的作用。

钢板与混凝土间的接触设置是正确模拟 CWUSC 梁性能的关键。由于CWUSC 梁的两端焊接了端部钢板，且从试验现象观测到完全抗剪连接时混凝土与 U 形钢梁间的滑移几乎可以忽略，认为两者黏结较好。混凝土与 U 形钢梁间采用绑定约束。U 形钢梁的波纹钢腹板和下翼缘钢板、上翼缘钢板和端部钢板之间采用壳体-实体约束；波纹钢腹板和次梁连接板之间采用绑定约束；槽钢与上翼缘钢板绑定;下翼缘钢板与支座采用绑定约束。预应力筋和板内钢筋能与混凝土共同工作,因此将其嵌入在混凝土中。

为模拟试验中加载方式,在混凝土板顶设置两个对称加载支座,形成纯弯段。在加载支座横向对称面上建立参考点 RP1 和 RP2,并分别与加载支座耦合,在两个参考点处施加相同的位移荷载。为模拟简支的边界条件,一端的支座约束竖向和纵向位移,另一端支座只约束竖向位移。为模拟预应力的作用,则以给预应力筋桁架单元设置温降值的方式来实现[65]。

网格划分密度对有限元计算精度非常重要,本章在网格划分时对混凝土板和直钢板采用结构网格划分技术,波纹钢板和梁内混凝土采用扫掠网格划分技术。混凝土的网格尺寸为 50mm,U 形钢梁的网格尺寸为 25mm,以便详细分析受力情况。

按上述步骤建立正、负弯矩作用下的 CWUSC 梁试件的有限元模型,负弯矩作用下的 CWUSC 梁有限元模拟采用的单元选取、接触设置、边界条件与正弯矩作用时一致,与其唯一不同的是将试件倒置。正弯矩试件 La-1 和负弯矩试件 Lb-1 的有限元模型见图 4-27。

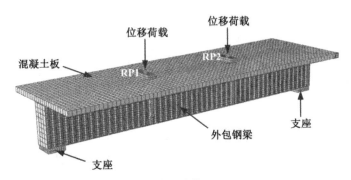

(a) 正弯矩试件La-1

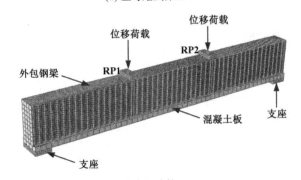

(b) 负弯矩试件Lb-1

图 4-27　CWUSC 梁的有限元模型

4.6.2 本构模型选用

4.6.2.1 混凝土本构模型

考虑到混凝土在受拉和受压时的性能差异较大，因此采用 ABAQUS 软件中的损伤塑性模型进行模拟，模型参数的具体取值见表 4-7。

表 4-7 混凝土损伤塑性模型参数

膨胀角 ψ	流动势偏移值 ε	双轴与单轴极限抗压强度之比 f_{b0}/f_{c0}	第二应力不变量之比 K_c	黏滞系数 μ
30°	0.1	1.16	0.6667	0.0005

混凝土的本构关系采用《混凝土结构设计规范》（GB 50010—2010）[62]推荐的公式。混凝土的抗压强度 f_c 和弹性模量 E_c 取实测值，泊松比取 0.2。混凝土的 σ-ε 曲线表达式如下。

当混凝土单轴受拉时：

$$\sigma = (1-d_t)E_c\varepsilon \tag{4-2}$$

$$d_t = \begin{cases} 1-\rho_t(1.2-0.5x^5), & x \leqslant 1 \\ 1-\dfrac{\rho_t}{\alpha_t(x-1)^{1.7}+x}, & x>1 \end{cases} \tag{4-3}$$

$$x = \frac{\varepsilon}{\varepsilon_{t,r}} \tag{4-4}$$

$$\rho_t = \frac{f_{t,r}}{E_c\varepsilon_{t,r}} \tag{4-5}$$

式中，d_t 为单轴受拉损伤演化参数；$f_{t,r}$ 为单轴抗拉强度代表值；$\varepsilon_{t,r}$ 为与 $f_{t,r}$ 对应的峰值拉应变，可取 $\varepsilon_{t,r} = f_{t,r}^{0.54} \times 6.5 \times 10^{-5}$；$\alpha_t$ 为单轴受拉应力-应变曲线下降段的参数值，可取 $\alpha_t = 0.312 f_{t,r}^2$。

当混凝土单轴受压时：

$$\sigma = (1-d_c)E_c\varepsilon \tag{4-6}$$

$$d_c = \begin{cases} 1-\dfrac{\rho_c n}{n-1+x^n}, & x \leqslant 1 \\ 1-\dfrac{\rho_c}{\alpha_c(x-1)^2+x}, & x>1 \end{cases} \tag{4-7}$$

$$\rho_t = \frac{f_{c,r}}{E_c\varepsilon_{c,r}} \tag{4-8}$$

$$x = \frac{\varepsilon}{\varepsilon_{c,r}} \tag{4-9}$$

$$n=\frac{E_c\varepsilon_{c,r}}{E_c\varepsilon_{c,r}-f_{c,r}} \tag{4-10}$$

式中，d_c 为单轴受压损伤演化参数；$f_{c,r}$ 为单轴抗压强度代表值；$\varepsilon_{c,r}$ 为与 $f_{c,r}$ 对应的峰值压应变，可取 $\varepsilon_{c,r}=(700+172\sqrt{f_{c,r}})\times10^{-6}$；$\alpha_c$ 为单轴受压时应力-应变曲线下降段的参数值，可取 $\alpha_c=0.157f_{c,r}^{0.785}-0.905$。

4.6.2.2　钢材本构模型

CWUSC 梁中的钢材由材料性质试验可以看出，其初期有明显的弹性变形，屈服后有较长的强化阶段，因此有限元模型中钢材的本构关系采用线性强化弹塑性模型。钢材采用 Mises 屈服准则，屈服强度 f_y、极限强度 f_u 和弹性模量 E_s 取实测值，泊松比取 0.3。

钢材 σ-ε 曲线表达式为：

$$\sigma=\begin{cases}E_s\varepsilon, \varepsilon\leqslant\varepsilon_y\\f_y+0.01E_s(\varepsilon-\varepsilon_y), \varepsilon_y\leqslant\varepsilon\leqslant\varepsilon_u\\f_u, \varepsilon>\varepsilon_u\end{cases} \tag{4-11}$$

4.6.3　有限元模型验证

按照上述的建模步骤，分别建立正弯矩作用下的 CWUSC 梁试件 La-1~La-5 的有限元模型，以及负弯矩作用下 CWUSC 梁试件 Lb-1 和 Lb-2 的有限元模型。有限元计算得到的荷载-跨中挠度曲线与试验结果对比如图 4-28 所示。从图中可以看出，有限元计算得出的曲线趋势与试验基本吻合。CWUSC 梁正、负弯矩作用下极限荷载的有限元计算值 P_{FE} 见表 4-8，计算值与试验值 P_u 十分接近，两者之比的平均值为 0.96，方差为 0.0016。

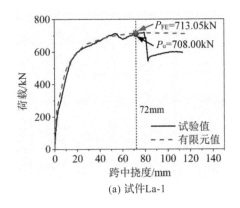

(a) 试件La-1

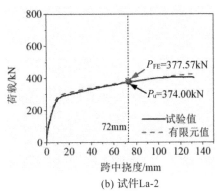

(b) 试件La-2

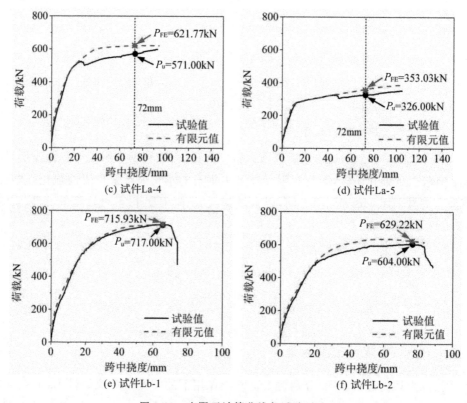

图 4-28　有限元计算曲线与试验对比

表 4-8　正弯矩极限荷载有限元计算结果与试验对比

试件	P_u/kN	P_{FE}/kN	P_u/P_{FE}
La-1	708.00	713.05	0.99
La-2	374.00	377.57	0.99
La-4	571.00	621.77	0.92
La-5	326.00	353.03	0.92
Lb-1	717.00	715.93	1.00
Lb-2	604.00	629.22	0.96

　　CWUSC 梁试件 La-1 在正弯矩作用下通过有限元模拟得出的破坏形式如图 4-29 所示。图 4-29(a)为外包 U 形钢在极限荷载 P_u 时的应力分布情况,可以看出纯弯段下翼缘钢板已进入塑性强化阶段,波纹钢腹板上部和上翼缘钢板的应力相对较小;图 4-29(b)为混凝土板顶面在极限荷载 P_u 时的应力分布,可以看出纯弯段混凝土板已达到抗压强度,剪跨段混凝土板在槽钢抗剪件的上方出现纵向裂缝。结果表明:波纹钢板-钢管混凝土组合梁在正弯矩作用下有限元模拟得出的破坏形

式与试验一致,均为下翼缘钢板先屈服后混凝土压碎的受弯破坏。这说明建立的有限元模型能较好地模拟 CWUSC 梁正弯矩作用下的受力性能。

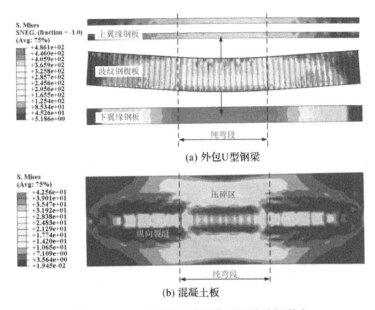

(a) 外包U型钢梁

(b) 混凝土板

图 4-29　CWUSC 梁正弯矩作用下的破坏形式

CWUSC 梁试件 Lb-1 在负弯矩作用下通过有限元模拟得出的破坏形式如图 4-30 所示。图 4-30(a)为外包 U 形钢在极限荷载时的应力分布情况,可以看出纯弯段下翼缘钢板和上翼缘钢板均已达到屈服强度,纯弯段波纹钢腹板的上下两端已经屈服,但中部的应力相对较小;图 4-30(b)为混凝土在极限荷载时的应力分布情况,可以看出纯弯段混凝土板和梁内受拉区混凝土应力小于 0.1MPa,已退出工作,受压区混凝土已达到抗压强度。试件破坏形式与试验结果一致,说明建立的有限元模型能较好地模拟 CWUSC 梁在负弯矩作用下的受力性能。

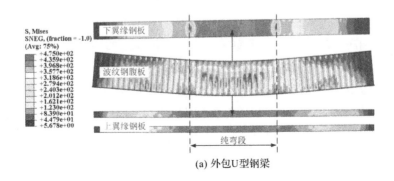

(a) 外包U型钢梁

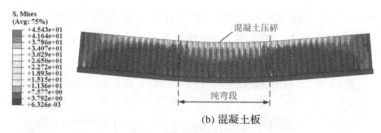

(b) 混凝土板

图 4-30　CWUSC 梁负弯矩作用下的破坏形式

4.6.4　组合梁受力分析

为进一步剖析 CWUSC 梁在正弯矩作用下的应力发展,对试件 La-1 的有限元模型进行分析,图 4-31 为试件 La-1 在屈服荷载时外包 U 形钢跨中截面的应力云图。可见,在屈服荷载时,跨中截面的下翼缘钢板几乎完全屈服;上翼缘钢板和波纹钢腹板的应力值较小,仍处于弹性阶段。

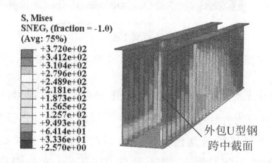

图 4-31　正弯矩作用下外包 U 形钢在屈服荷载时跨中截面应力分布

图 4-32 为试件 La-1 在极限荷载时各材料的应力分布云图。由图可以看出,跨中截面的下翼缘钢板已进入塑性强化阶段;上翼缘钢板并未达到屈服强度且截面面积较小,因此设计时不考虑上翼缘钢板对正弯矩作用下抗弯承载力的贡献;在梁底部约有 25% 的波纹钢腹板受拉屈服,设计时若按腹板全截面屈服计算抗弯承载力会使结果偏高。跨中截面 U 形钢梁内大部分混凝土的应力值小于 0.1MPa,说明这部分混凝土已受拉开裂退出工作,因此设计时不考虑受拉混凝土的贡献;纯弯段受拉预应力筋受力均匀且已达到极限强度;板内钢筋中大部分纵向钢筋达到屈服强度,横向钢筋的应力相对较小,考虑到板内钢筋受力面积较小,设计时不认为其参与受力,只需满足构造要求即可。

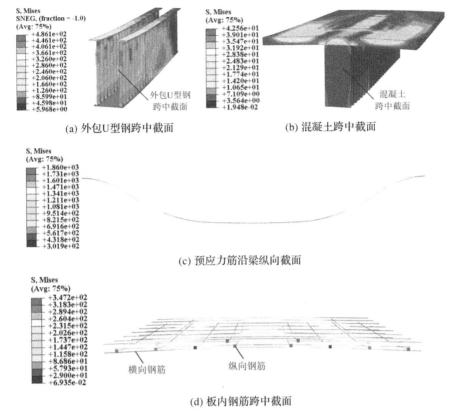

(a) 外包U型钢跨中截面

(b) 混凝土跨中截面

(c) 预应力筋沿梁纵向截面

(d) 板内钢筋跨中截面

图 4-32 正弯矩作用下 CWUSC 梁在极限荷载时的应力分布

取试件 Lb-1 的有限元模型进一步剖析 CWUSC 梁在负弯矩作用下的应力发展,图 4-33 为试件 Lb-1 在屈服荷载时外包 U 形钢跨中截面的应力分布情况。由图可以看出,在屈服荷载时,CWUSC 梁跨中截面的下翼缘钢板和上翼缘钢板几乎全截面屈服;波纹钢腹板的应力值较小,仍处于弹性阶段。

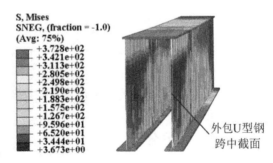

图 4-33 负弯矩作用下外包 U 形钢在屈服荷载时跨中截面应力分布

图 4-34 为试件 Lb-1 在极限荷载时各材料的应力分布。从图中可以看出,跨中截面的下翼缘钢板和上翼缘钢板已进入塑性阶段;约有 30% 的波纹钢腹板达到屈服强度,腹板中部的应力值较小,设计时不宜按腹板全截面屈服计算其抗弯承载力;混凝土板和 U 形钢梁内大部分混凝土已受拉开裂退出工作,受压区混凝土达

到抗压强度，设计时不计入受拉区混凝土的贡献；纯弯段受拉预应力筋受力均匀且已达到极限强度；板内负弯矩钢筋已达到屈服强度，板中负弯矩钢筋的应力略大于板侧负弯矩钢筋，与试验结果一致，设计时应考虑板内纵向负弯矩钢筋的抗拉贡献。

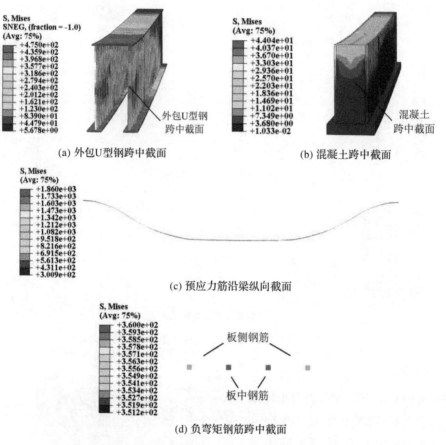

(a) 外包U型跨中截面

(b) 混凝土跨中截面

(c) 预应力筋沿梁纵向截面

(d) 负弯矩钢筋跨中截面

图 4-34　负弯矩作用下 CWUSC 梁在极限荷载时的应力分布

4.6.5　参数分析

本节进一步分析钢材强度、混凝土强度、预应力筋截面面积、波纹钢腹板厚度、负弯矩钢筋截面面积和下翼缘钢板厚度等参数对波纹钢板-钢管混凝土组合梁受弯性能的影响。考虑到 CWUSC 梁在施加预应力时，波纹钢腹板的手风琴效应对组合梁受弯性能影响较大，因此本节分别取预应力 CWUSC 梁试件 La-1 和非预应力 CWUSC 梁试件 La-2 以及 CWUSC 梁试件 Lb-1 的有限元模型进行参数分析。参数分析时，除研究的参数发生改变外，其余参数均与其相应的试验试件一致。

4.6.5.1　钢材强度

通过有限元研究钢材强度对 CWUSC 梁受弯性能的影响,钢材强度分别采用 Q345、Q390、Q420、Q460。图 4-35 为通过有限元模拟得出的不同钢材强度下的荷载-跨中挠度曲线,由图可以看出,加载前期曲线近乎重合,随着钢材强度的提高,CWUSC 梁的抗弯承载力明显提高。

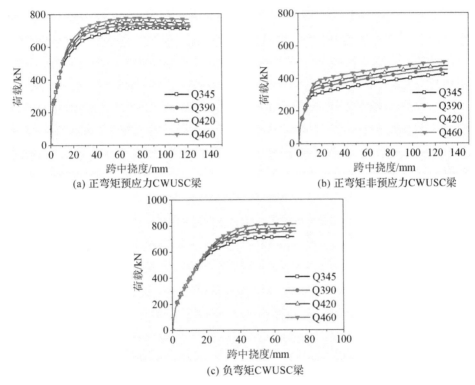

图 4-35　钢材强度对荷载-跨中挠度曲线的影响

不同钢材强度下通过有限元计算得出的试件梁抗弯承载力 $M_{u,t}$ 见表 4-9。对于正弯矩作用下的试件,施加预应力的试件,钢材强度增大一级,$M_{u,t}$ 的平均增幅为 2.86%;未施加预应力的试件,钢材强度增大一级,$M_{u,t}$ 的平均增幅为 7.38%。可见,随着钢材强度的提高,CWUSC 梁正弯矩作用下的抗弯承载力随之增大,钢材强度对未施加预应力的 CWUSC 梁正弯矩抗弯承载力的影响相对更大。对于负弯矩作用下的试件,钢材强度每增大一级,CWUSC 梁负弯矩抗弯承载力的平均增幅为 4.31%。可见,钢材强度对 CWUSC 梁负弯矩作用下的抗弯承载力影响较大,负弯矩抗弯承载力会随着钢材强度的提高而增大。

表 4-9　不同钢材强度下有限元计算得出的抗弯承载力

| 钢材强度等级 | 正弯矩作用下试件 | | | | | | 负弯矩作用下试件 | | |
| | 预应力试件 | | | 非预应力试件 | | | 预应力试件 | | |
	抗弯承载力 $M_{u,t}$/(kN·m)	相比Q345增幅/%	每级增幅/%	抗弯承载力 $M_{u,t}$/(kN·m)	相比Q345增幅/%	每级增幅/%	抗弯承载力 $M_{u,t}$/(kN·m)	相比Q345增幅/%	每级增幅/%
Q345	427.83	0	—	226.54	0	—	430.22	0	—
Q390	439.94	2.83	2.83	251.30	10.93	10.93	453.77	5.47	5.47
Q420	452.58	5.79	2.87	263.24	16.20	4.75	468.72	8.95	3.29
Q460	465.54	8.81	2.86	280.22	23.70	6.45	488.28	13.49	4.17

4.6.5.2　混凝土强度

通过有限元研究混凝土强度分别为 C30、C40、C50、C60 时对 CWUSC 梁受弯性能的影响。图 4-36 为通过有限元模拟得出的不同混凝土强度下的荷载-跨中挠度曲线。由图可以看出,在不同混凝土强度下,预应力组合梁和非预应力组合梁的曲线均近乎重合,可见,混凝土强度对 CWUSC 梁的受弯性能影响相对较小。

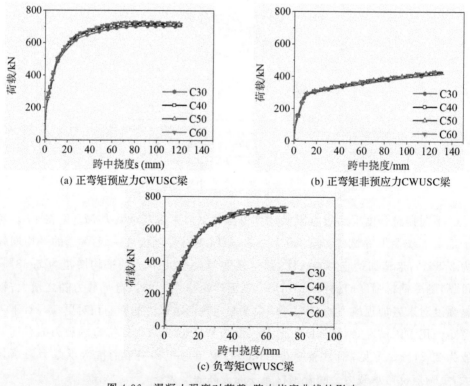

(a) 正弯矩预应力CWUSC梁　　　　　(b) 正弯矩非预应力CWUSC梁

(c) 负弯矩CWUSC梁

图 4-36　混凝土强度对荷载-跨中挠度曲线的影响

不同混凝土强度下通过有限元计算得出的试件梁抗弯承载力 $M_{u,t}$ 见表 4-10。对于正弯矩作用下的试件,CWUSC 梁在施加预应力时和未施加预应力时,抗弯承载力随着混凝土强度的提高涨幅均较小,平均每级增幅在 1.50% 以内。这说明 CWUSC 梁在正弯矩作用下的抗弯承载力受混凝土强度的影响相对较小,抗弯承载力随着混凝土强度的提高略有增大。对于负弯矩作用下的试件,CWUSC 梁的抗弯承载力受混凝土强度的影响相对较小,每级增幅均在 1.70% 以内,负弯矩抗弯承载力随着混凝土强度的提高略有增大。

表 4-10　不同混凝土强度下有限元计算得出的抗弯承载力

| 混凝土强度等级 | 正弯矩作用下试件 | | | | | | 负弯矩作用下试件 | | |
| | 预应力试件 | | | 非预应力试件 | | | 预应力试件 | | |
	抗弯承载力 $M_{u,t}$/(kN·m)	相比 C40 增幅/%	每级增幅/%	抗弯承载力 $M_{u,t}$/(kN·m)	相比 C40 增幅/%	每级增幅/%	抗弯承载力 $M_{u,t}$/(kN·m)	相比 C40 增幅/%	每级增幅/%
C30	419.69	−1.90	—	220.32	−2.75	—	423.86	−1.48	—
C40	427.83	0	1.94	226.54	0	2.82	430.22	0	1.50
C50	432.31	1.05	3.01	228.67	0.94	3.79	437.46	1.68	1.68
C60	436.94	2.13	1.07	230.16	1.60	0.65	442.36	2.82	1.12

4.6.5.3　预应力筋截面面积

通过有限元研究受拉区纵向预应力筋截面面积对 CWUSC 梁在正弯矩作用下受弯性能的影响,受拉区纵向预应力筋分别采用 1Φ^{s}15.20、2Φ^{s}15.20、3Φ^{s}15.20,对应的预应力筋截面面积(A_p)分别为 140mm²、280mm²、420mm²。图 4-37 为通过有限元模拟得出的不同预应力筋截面面积下的荷载-跨中挠度曲线,可以看出 CWUSC 梁的抗弯承载力和抗弯刚度随着预应力筋截面面积的增大而显著提高。

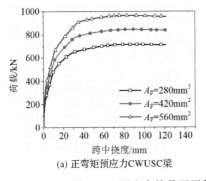

(a) 正弯矩预应力 CWUSC 梁

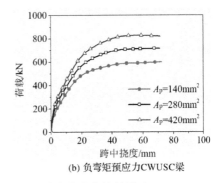

(b) 负弯矩预应力 CWUSC 梁

图 4-37　预应力筋截面面积对荷载-跨中挠度曲线的影响

不同预应力筋截面面积下通过有限元计算得出的试件梁抗弯承载力 $M_{u,t}$ 见表 4-11。对于正弯矩作用下的试件,增大一级预应力筋截面面积,组合梁的抗弯承载力平均增幅高达 16.24%,可见 CWUSC 梁在正弯矩作用下的抗弯承载力随着预应力筋截面面积的增大而显著提高。对于负弯矩作用下的试件,当预应力筋截面面积从 140mm² 增大到 280mm² 时,负弯矩抗弯承载力提升 16.51%;预应力筋截面面积从 280mm² 增大到 420mm² 时,负弯矩抗弯承载力提升 14.55%;增大一级预应力筋截面面积,负弯矩抗弯承载力平均增幅为 15.53%。由此可见,预应力筋截面面积对 CWUSC 梁负弯矩作用下的抗弯承载力影响较大,增大预应力筋截面面积能够显著提高 CWUSC 梁抗弯承载力和抗弯刚度。

表 4-11 不同预应力筋截面面积下有限元计算得出的抗弯承载力

预应力筋截面面积 A_p/mm^2	正弯矩试件			负弯矩试件		
	抗弯承载力 $M_{u,t}/(kN \cdot m)$	相比 $A_p=280mm^2$ 增幅/%	每级增幅/%	抗弯承载力 $M_{u,t}/(kN \cdot m)$	相比 $A_p=280mm^2$ 增幅/%	每级增幅/%
280	427.83	0	—	359.18	−16.51	—
420	504.64	17.95	17.95	430.22	0	19.78
560	577.97	35.09	14.53	492.82	14.55	14.55

4.6.5.4 波纹钢腹板厚度

通过有限元研究波纹钢腹板厚度对 CWUSC 梁正弯矩作用下受弯性能的影响,波纹钢腹板厚度(t_w)为 1mm、2mm、3mm。图 4-38 为通过有限元模拟得出的不同波纹钢腹板厚度下的荷载-跨中挠度曲线,可以看出,增大波纹钢腹板厚度能提高 CWUSC 梁在正弯矩作用下的抗弯承载力,但对抗弯刚度的影响不大。

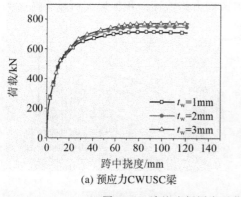
(a) 预应力CWUSC梁

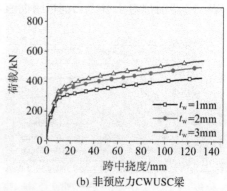
(b) 非预应力CWUSC梁

图 4-38 波纹腹板厚度对荷载-跨中挠度曲线的影响

　　不同波纹钢腹板厚度下通过有限元计算得出的试件梁抗弯承载力 $M_{u,t}$ 见表 4-12。预应力试件波纹钢腹板厚度每增加 1mm，$M_{u,t}$ 的平均增幅为 3.54%；非预应力试件，每增大一级波纹钢腹板厚度，$M_{u,t}$ 的平均增幅为 12.52%。预应力 CWUSC 梁增大一级波纹钢腹板厚度，抗弯承载力的增幅明显小于非预应力 CWUSC 梁的增幅。可见，增大波纹钢腹板厚度对非预应力 CWUSC 梁正弯矩作用下的抗弯承载力影响相对较大，而对预应力 CWUSC 梁影响相对较小。尤其注意到，随着波纹腹板厚度的增加，抗弯承载力的每级增幅明显减小。同时考虑到工程实际，建议波纹腹板的厚度不宜超过 3mm。

表 4-12　不同波纹腹板厚度下有限元计算得出的正弯矩抗弯承载力

波纹钢腹板厚度 t_w/mm	预应力试件			非预应力试件		
	抗弯承载力 $M_{u,t}$/(kN·m)	相比 $t_w=1$mm 增幅/%	每级增幅/%	抗弯承载力 $M_{u,t}$/(kN·m)	相比 $t_w=1$mm 增幅/%	每级增幅/%
1	427.83	0	—	226.54	0	—
2	447.74	4.65	4.65	262.97	16.08	16.08
3	458.58	7.19	2.42	286.52	26.48	8.95

4.6.5.5　负弯矩钢筋截面面积

　　通过有限元研究受拉区负弯矩钢筋对 CWUSC 梁负弯矩作用下受弯性能的影响，分别采用四根直径为 8mm、10mm、12mm、14mm 的负弯矩钢筋，对应的负弯矩钢筋截面面积（A_s）分别为 201mm^2、314mm^2、452mm^2、615mm^2。图 4-39 为通过有限元模拟得出的不同负弯矩钢筋截面面积的 CWUSC 梁在负弯矩作用下的荷载-跨中挠度曲线。由图可以看出，增大负弯矩钢筋截面面积能略微提高负弯矩抗弯承载力，但对抗弯刚度几乎无影响。

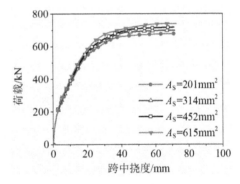

图 4-39　负弯矩钢筋截面面积对荷载-跨中挠度曲线的影响

　　不同负弯矩钢筋截面面积下通过有限元计算得出的试件梁负弯矩抗弯承载力 $M_{u,t}$ 见表 4-13，每增大一级负弯矩钢筋截面面积，CWUSC 梁负弯矩抗弯承载力的增幅均在 3.2% 以内。可见，CWUSC 梁负弯矩作用下的抗弯承载力受负弯矩钢筋截面面积的影响相对较小。

表 4-13　不同负弯矩钢筋截面面积下有限元计算得出的负弯矩抗弯承载力

负弯矩钢筋面积 A_s/mm²	抗弯承载力 $M_{u,t}$/(kN·m)	相比 $A_s=452$mm² 增幅/%	每级增幅/%
201	406.32	−5.55	—
314	419.11	−2.58	3.15
452	430.22	0	2.65
615	443.35	3.05	3.05

4.6.5.6　下翼缘钢板厚度

通过有限元研究下翼缘钢板厚度对 CWUSC 梁在正弯矩作用下受弯性能的影响，下翼缘钢板厚度（t_d）分别为 4mm、5mm、6mm、8mm。图 4-40 为通过有限元模拟得出的不同下翼缘钢板厚度下的荷载-跨中挠度曲线，CWUSC 的抗弯承载力和抗弯刚度随着下翼缘钢板厚度的增大而显著提高。

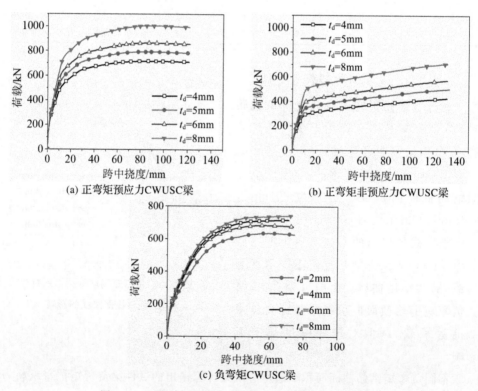

(a) 正弯矩预应力CWUSC梁　　(b) 正弯矩非预应力CWUSC梁

(c) 负弯矩CWUSC梁

图 4-40　下翼缘钢板厚度对荷载-跨中挠度曲线的影响

不同下翼缘钢板厚度下通过有限元计算得出的试件梁抗弯承载力 $M_{u,t}$ 见表 4-14。对于正弯矩作用下的试件,从预应力 CWUSC 梁的数据可以看出,当下翼缘钢板厚度从 4mm 增加到 6mm 时,$M_{u,t}$ 提高 18.42%;当下翼缘钢板厚度从 4mm 增加到 8mm 时,$M_{u,t}$ 提高 39.45%。从非预应力 CWUSC 梁的数据可以看出,当下翼缘钢板厚度从 4mm 增加到 6mm 时,$M_{u,t}$ 提高 29.05%;当下翼缘钢板厚度从 4mm 增加到 8mm 时,$M_{u,t}$ 提高 66.47%。可见,增大下翼缘钢板厚度能显著提高 CWUSC 梁正弯矩作用下的抗弯承载力,对未施加预应力的 CWUSC 梁的影响则更加明显。对于负弯矩作用下的试件,当下翼缘钢板从 2mm 增大到 4mm 时,负弯矩抗弯承载力提高 7.68%;当下翼缘钢板从 4mm 增大到 6mm 时,负弯矩抗弯承载力提高 4.73%;当下翼缘钢板从 6mm 增大到 8mm 时,负弯矩抗弯承载力提高 3.57%。可见,随着下翼缘钢板厚度的增大,增加下翼缘钢板厚度对负弯矩抗弯承载力贡献会有所减弱。综上所述,提高下翼缘钢板厚度能提高 CWUSC 梁在负弯矩抗弯承载力,但随着下翼缘钢板逐渐越厚,则增加下翼缘钢板厚度对 CWUSC 梁负弯矩承载力的贡献会逐渐减弱。

表 4-14 不同下翼缘钢板厚度下有限元计算得出的抗弯承载力

下翼缘钢板厚度 t_d/mm	正弯矩试件						负弯矩试件		
	预应力试件			非预应力试件			预应力试件		
	抗弯承载力 $M_{u,t}$/(kN·m)	相比 $t_d=$4mm 增幅/%	每级增幅/%	抗弯承载力 $M_{u,t}$/(kN·m)	相比 $t_d=$4mm 增幅/%	每级增幅/%	抗弯承载力 $M_{u,t}$/(kN·m)	相比 $t_d=$4mm 增幅/%	每级增幅/%
4	427.83	0	—	226.54	0	—	381.48	0	—
5	473.26	10.62	10.62	264.14	16.60	16.60	410.78	7.68	7.68
6	515.02	18.42	8.82	303.27	29.05	14.81	430.25	12.78	4.73
8	596.63	39.45	15.85	377.11	66.47	24.35	445.56	16.80	3.57

4.7 波纹钢板-钢管混凝土组合梁的抗弯承载力分析

鉴于目前并没有相关规范对波纹钢板-钢管混凝土组合梁提出具体的设计公式,故本书先主要参考《组合结构设计规范》(JGJ 138—2016)和《混凝土结构设计规范》(GB 50010—2010)中的相关规定,再结合试验与有限元分析,提出了 CWUSC 梁在正、负弯矩作用下的抗弯承载力设计公式。

为充分发挥钢与混凝土的组合作用，建议将波纹钢板-钢管混凝土组合梁设计成完全抗剪连接以提高 CWUSC 梁的承载力。基于前文分析可知，施加预应力的 CWUSC 梁，由于存在波纹钢腹板的手风琴效应，腹板的抗弯贡献较小；而未施加预应力的 CWUSC 梁的波纹钢腹板应力值相对较大，忽略其对抗弯能力的贡献会导致公式值偏于保守。因此，本书通过定义外包 U 形钢波纹钢腹板贡献系数 γ_w 来保证公式的可靠性，当 CWUSC 梁施加预应力时，不计入波纹钢腹板的抗拉贡献。

4.7.1　基本假定

在建立完全抗剪连接的 CWUSC 梁抗弯承载力公式时，作出如下假定。

(1)截面应变符合平截面假定。

(2)钢板受拉或受压时均达到屈服强度。

(3)不考虑上翼缘钢板的受拉、受压贡献。

(4)引入波纹钢腹板贡献系数 γ_w，CWUSC 梁施加预应力时取 $\gamma_w = 0$，未施加预应力时取 $\gamma_w = 1$。

(5)不考虑受拉混凝土的抗拉作用。

(6)受压区混凝土用等效矩形应力图形替代理论应力图形，且合力点位于等效矩形受压区中心。

4.7.2　抗弯承载力计算公式

4.7.2.1　正弯矩作用下组合梁的抗弯承载力

本书根据塑性中和轴位置的不同，主要分两种情况（中和轴在混凝土板内和波纹钢腹板内）研究 CWUSC 梁在正弯矩作用下的抗弯承载力计算公式。通过试验结果和有限元分析发现，正弯矩作用时，上翼缘钢板并未全截面屈服，且上翼缘钢板截面面积较小，因此未考虑中和轴在上翼缘钢板时的情况，并在计算正弯矩抗弯承载力时忽略上翼缘钢板的贡献。

(1)中和轴在混凝土板内

CWUSC 梁的中和轴位于混凝土板内，且为完全抗剪连接时，应满足公式 (4-12)。由前期研究可知，上翼缘钢板由于离中和轴较近并未全截面屈服，因此未计入上翼缘钢板的抗拉贡献。CWUSC 梁截面应力分布如图 4-41 所示。

$$\begin{cases} f_y b_d t_d + 2 f_y t_w h_w \gamma_w + f_{py} A_p \leqslant \alpha_1 f_c b_f \beta_1 h_f \\ f_y b_d t_d + f_{py} A_p \leqslant \sum_{i=1}^{n} N_{vi}^c \end{cases} \tag{4-12}$$

式中，f_y 为钢材屈服强度；b_u 为外包 U 形钢上翼缘钢板截面宽度；t_u 为外包 U 形钢上翼缘钢板截面厚度；b_d 为外包 U 形钢下翼缘钢板截面宽度；t_d 为外包 U 形钢下翼缘钢板截面厚度；h_a 为外包 U 形钢截面高度；t_w 为外包 U 形钢波纹钢腹板截面厚度；h_w 为外包 U 形钢波纹钢腹板截面高度，$h_w = h_a - t_u - t_d$；γ_w 为外包 U 形钢波纹腹板贡献系数，组合梁施加预应力时 $\gamma_w = 0$，未施加预应力时 $\gamma_w = 1$；f_{py} 为预应力筋的抗拉强度；A_p 为受拉区预应力筋的截面面积；α_1 为混凝土等效矩形应力图形的应力值系数，取值详见《混凝土结构设计规范》(GB 50010—2010)；β_1 为混凝土等效矩形应力图形的高度系数，取值详见《混凝土结构设计规范》(GB 50010—2010)；f_c 为混凝土的轴心抗压强度；b_f 为混凝土板有效翼缘宽度，根据试验结果，b_f 取值建议参照《混凝土结构设计规范》(GB 50010—2010)；h_f 为混凝土板厚度；N_{vi}^c 为单个抗剪连接件的受剪承载力，计算公式详见《组合结构设计规范》(JGJ 138—2016)。

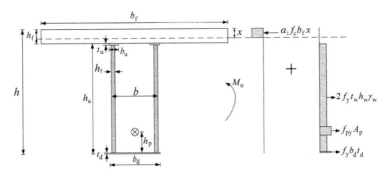

图 4-41　正弯矩作用下中和轴位于混凝土板内 CWUSC 梁截面应力分布

先根据力的平衡算出混凝土等效受压区高度 x：

$$f_y b_d t_d V + 2 f_y t_w h_w \gamma_w + f_{py} A_p = \alpha_1 f_c b_f x \tag{4-13a}$$

$$x = \frac{f_y b_d t_d + 2 f_y t_w h_w \gamma_w + f_{py} A_p}{\alpha_1 f_c b_f} \tag{4-13b}$$

再对受压区混凝土等效合力点取矩：

$$M_u = f_y b_d t_d \left(h - \frac{x}{2} - \frac{t_d}{2} \right) + 2 f_y t_w h_w \gamma_w \left(h - \frac{x}{2} - t_d - \frac{h_w}{2} \right) + f_{py} A_p \left(h - h_p - \frac{x}{2} \right) \tag{4-14}$$

式中，M_u 为 CWUSC 梁极限抗弯承载力；h 为梁截面高度；h_p 为预应力筋截面中心至下翼缘钢板下表面的距离。

(2)中和轴在波纹钢腹板内

CWUSC 梁的中和轴位于波纹钢腹板,且为完全抗剪连接时,应满足公式 (4-15)。CWUSC 梁截面应力分布如图 4-42 所示。

$$\begin{cases} f_y b_d t_d + 2 f_y t_w h_w \gamma_w + f_{py} A_p > \alpha_1 f_c b_f \beta_1 h_f \\ \alpha_1 f_c b_f \beta_1 h_f + \alpha_1 f_c (b - h_r) \beta_1 (x_c - h_f) \leqslant \sum_{i=1}^{n} N_{vi}^c \end{cases} \tag{4-15}$$

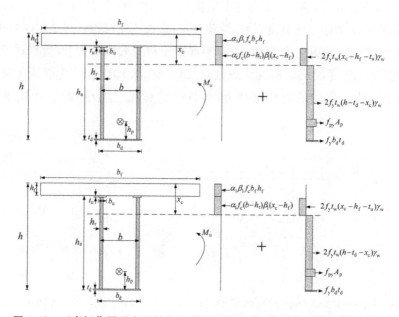

图 4-42　正弯矩作用下中和轴位于波纹钢腹板内 CWUSC 梁截面应力分布

根据力的平衡算出混凝土受压区高度 x_c:

$$f_y b_d t_d + f_{py} A_p + 2 f_y t_w (h - t_d - x_c) \gamma_w$$
$$= 2 f_y t_w (x_c - h_f - t_u) \gamma_w + \alpha_1 f_c b_f \beta_1 h_f + \alpha_1 f_c (b - h_r) \beta_1 (x_c - h_f) \tag{4-16a}$$

$$x_c = \frac{f_y b_d t_d + 2 f_y t_w (h - t_d) \gamma_w + f_{py} A_p - \alpha_1 f_c (b_f - b + h_r) \beta_1 h_f}{\alpha_1 f_c (b - h_r) \beta_1 + 4 f_y t_w \gamma_w} \tag{4-16b}$$

对中和轴取矩:

$$M_u = \alpha_1 f_c b_f \beta_1 h_f \left(x_c - \frac{h_f}{2} \right) + \frac{1}{2} \alpha_1 f_c (b - h_r) \beta_1 (x_c - h_f)^2 + f_y t_w (x_c - h_f - t_u)^2 \gamma_w$$

$$+ f_y t_w (h - t_d - x_c)^2 \gamma_w + f_{py} A_p (h - x_c - h_p) + f_y b_d t_d \left(h - x_c - \frac{t_d}{2} \right) \tag{4-17}$$

式中,b 为梁截面宽度;h_r 为波纹钢腹板的波高。

4.7.2.2　负弯矩作用下组合梁的抗弯承载力

完全抗剪连接 CWUSC 梁在负弯矩作用下达到承载力极限状态时，截面中和轴宜在波纹钢腹板内，使预应力筋受拉。

负弯矩作用下 CWUSC 梁为完全抗剪连接且中和轴位于波纹钢腹板内时，应满足公式(4-18)，此时截面应力分布如图 4-43 所示。

$$\begin{cases} f_y b_d t_d + \alpha_1 f_c (b - h_r)\beta_1(h_a - t_d) \geqslant f_{py}A_p + 2f_y b_u t_u + f_{ys}A_s + 2f_y t_w h_w \gamma_w \\ \alpha_1 f_c (b - h_r)x \leqslant \sum_{i=1}^{n} N_{vi}^c \end{cases}$$

$$(4\text{-}18)$$

式中，f_{ys} 为负弯矩钢筋抗拉强度；A_s 为负弯矩钢筋截面面积。

先根据力的平衡算出混凝土等效受压区高度 x，如公式(4-19)：

$$f_{py}A_p + 2f_y b_u t_u + f_{ys}A_s + 2f_y t_w(h_w - x)\gamma_w = f_y b_d t_d + \alpha_1 f_c (b - h_r)x + 2f_y t_w x \gamma_w$$

$$(4\text{-}19\text{a})$$

$$x = \frac{f_{py}A_p + 2f_y b_u t_u + f_{ys}A_s + 2f_y t_w h_w \gamma_w - f_y b_d t_d}{\alpha_1 f_c (b - h_r) + 4f_y t_w \gamma_w}$$

$$(4\text{-}19\text{b})$$

再对受压区混凝土等效矩形合力点取矩，得出 CWUSC 梁的 M_u，如公式(4-20)：

$$M_u = f_y b_d t_d \left(\frac{x}{2} + \frac{t_d}{2}\right) + f_y t_w x^2 \gamma_w + f_{py}A_p \left(h_a - h_p - t_d - \frac{x}{2}\right)$$

$$+ 2f_y b_u t_u \left(h_a - t_d - \frac{x}{2} - \frac{t_u}{2}\right) + f_{ys}A_s \left(h - h_s - t_d - \frac{x}{2}\right) + f_y t_w (h_w - x)^2 \gamma_w$$

$$(4\text{-}20)$$

式中，h_s 为负弯矩钢筋截面中心至混凝土板顶面的距离；h_p 为预应力筋截面中心至混凝土板顶面的距离。

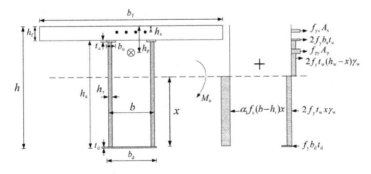

图 4-43　负弯矩作用下中和轴在波纹钢腹板内截面应力分布

4.7.2.3　公式计算结果与试验对比

采用 4.7.2.1 节中 CWUSC 梁的抗弯承载力公式与试验结果进行验证，对比结果见表 4-15。施加预应力的 CWUSC 梁（La-1、La-4）计算正弯矩作用下的抗弯承载力时取波纹钢腹板贡献系数 γ_w 为 0，公式值与试验结果吻合较好；未施加预应力的 CWUSC 梁（La-2、La-5）计算正弯矩作用下的抗弯承载力时取贡献系数 γ_w 为 1，公式计算值与试验结果吻合较好。极限承载力公式值 $M_{u,c}$ 与试验值 $M_{u,e}$ 之比的平均值为 0.99，方差为 0.0044。这表明本书提出的计算公式在引入波纹钢腹板贡献系数 γ_w 后能较好地预测 CWUSC 梁正弯矩作用下的抗弯承载力。其中，因试件 La-3 发生掀起破坏，试件 La-7 为纯钢梁，故不参与公式计算。

表 4-15　弯矩公式计算值与试验对比

试件	极限承载力公式值 $M_{u,c}/(\text{kN} \cdot \text{m})$	极限承载力试验值 $M_{u,e}/(\text{kN} \cdot \text{m})$	$M_{u,c}/M_{u,e}$
La-1	396.68	424.8	0.93
La-2	238.91	224.4	1.06
La-4	341.28	342.6	1.00
La-5	198.91	195.6	1.02
La-6	198.91	226.8	0.88
Lb-1	424.45	430.2	0.99
Lb-2	383.51	362.4	1.06

4.7.2.4　公式计算结果与有限元对比

采用 4.7.2.1 节与 4.7.2.2 节中 CWUSC 梁的抗弯承载力公式与有限元参数分析计算结果进行验证，对比结果如图 4-44 和表 4-16 所示。从计算结果可以看出，预应力 CWUSC 梁正弯矩抗弯承载力公式值 $M_{u,c}$ 未计入波纹钢腹板的抗拉贡献，与有限元分析得出的极限承载力 $M_{u,t}$ 之比的平均值为 0.93，方差为 0.0021；未施加预应力的 CWUSC 梁正弯矩抗弯承载力公式值计入波纹钢腹板的抗拉贡献，与有限元分析得出的极限承载力之比的平均值为 0.99，方差为 0.0052。这表明本书提出的计算公式引入波纹腹板贡献系数 γ_w 后能较好地预测 CWUSC 梁在正弯矩作用下的抗弯承载力。由计算公式得到的 CWUSC 梁负弯矩作用下的抗弯承载力与有限元计算值之比的平均值为 0.99、方差为 0.0005，表明本书提出的公式能较好地预测 CWUSC 梁在负弯矩作用下的抗弯承载力，计算结果有较好的准确性和可靠性。

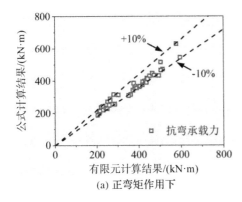
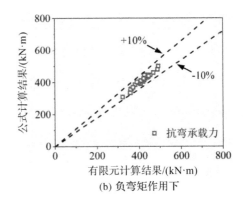

(a) 正弯矩作用下　　　　　　　　　(b) 负弯矩作用下

图 4-44　公式计算结果与有限元对比

表 4-16　公式计算结果与有限元对比

试件	参数分析	极限承载力公式值 $M_{u,c}/(kN \cdot m)$	极限承载力有限元 $M_{u,t}/(kN \cdot m)$	$M_{u,c}/M_{u,t}$
预应力试件	试件 La-1	396.68	427.83	0.93
	C30	393.16	419.69	0.94
	C50	398.51	432.31	0.92
	C60	399.74	436.94	0.91
	Q390	416.16	439.94	0.95
	Q420	429.11	452.58	0.95
	Q460	446.35	465.54	0.96
	$A_p = 420mm^2$	513.94	504.64	1.02
	$A_p = 560mm^2$	629.10	577.97	1.09
	$t_d = 5mm$	433.77	473.26	0.92
	$t_d = 6mm$	470.61	515.02	0.91
	$t_d = 8mm$	543.52	596.63	0.91
非预应力试件	试件 La-2	238.91	226.54	1.05
	C30	235.93	220.32	1.07
	C50	240.46	228.67	1.05
	C60	241.51	230.16	1.05
	Q390	268.75	251.30	1.07
	Q420	288.48	263.24	1.10
	Q460	314.57	280.22	1.12
	$t_d = 5mm$	275.79	264.14	1.04
	$t_d = 6mm$	312.42	303.27	1.03
	$t_d = 8mm$	384.92	377.11	1.02

续表

试件	参数分析	极限承载力公式值 $M_{u,c}$/(kN·m)	极限承载力有限元 $M_{u,t}$/(kN·m)	$M_{u,c}/M_{u,t}$
预应力无外伸混凝土板试件	试件 La-4	341.28	373.06	0.91
	C30	313.97	362.42	0.87
	C50	354.99	380.87	0.93
	C60	364.99	385.08	0.95
	Q390	354.56	391.05	0.91
	Q420	363.19	402.69	0.90
	Q460	374.42	418.25	0.90
	$A_p=420mm^2$	411.41	443.09	0.93
	$A_p=560mm^2$	464.35	506.55	0.92
	$t_d=5mm$	366.19	406.08	0.90
	$t_d=6mm$	389.56	437.34	0.89
	$t_d=8mm$	431.71	495.93	0.87
非预应力无外伸混凝土板试件	试件 La-5	198.91	211.82	0.94
	C30	186.91	205.19	0.91
	C50	206.64	213.04	0.97
	C60	213.36	215.83	0.99
	Q390	219.09	230.68	0.95
	Q420	232.17	243.69	0.95
	Q460	249.22	260.35	0.96
	$t_d=5mm$	227.61	249.86	0.91
	$t_d=6mm$	255.45	286.81	0.89
	$t_d=8mm$	308.59	352.57	0.88
下翼缘钢板6mm厚试件	试件 Lb-1	424.45	430.22	0.99
	C30	413.88	423.86	0.98
	C50	429.93	437.46	0.98
	C60	433.64	442.36	0.98
	Q390	445.92	453.77	0.98
	Q420	460.21	468.72	0.98
	Q460	479.22	488.28	0.98
	$A_p=140mm^2$	334.10	359.18	0.93
	$A_p=420mm^2$	501.05	492.82	1.02
	$A_s=201.2mm^2$	389.95	406.32	0.96
	$A_s=314.0mm^2$	405.71	419.11	0.97
	$A_s=615.6mm^2$	445.94	443.35	1.01
	$t_d=4mm$	406.17	410.78	0.99
	$t_d=5mm$	415.86	421.08	0.99
	$t_d=8mm$	438.37	445.56	0.98

续表

试件	参数分析	极限承载力公式值 $M_{u,c}/(kN \cdot m)$	极限承载力有限元 $M_{u,t}/(kN \cdot m)$	$M_{u,c}/M_{u,t}$
	试件 Lb-2	383.51	381.48	1.01
	C30	358.35	364.40	0.98
	C50	396.56	398.88	0.99
	C60	405.39	408.22	0.99
	Q390	399.04	397.55	1.00
下翼缘钢板 2mm 厚试件	Q420	409.33	408.16	1.00
	Q460	422.97	421.83	1.00
	$A_p = 140mm^2$	308.15	323.79	0.95
	$A_p = 420mm^2$	445.13	424.31	1.05
	$A_s = 201.2mm^2$	354.21	361.65	0.98
	$A_s = 314.0mm^2$	367.63	371.96	0.99
	$A_s = 615.6mm^2$	401.61	390.30	1.03

第 5 章
波纹钢板–钢管混凝土组合梁
抗剪性能研究

5.1 试件概况

为研究波纹钢板–钢管混凝土组合梁的抗剪性能,本章以剪跨比和波纹钢波形的疏密程度为参数,设计四根简支梁试件,将这一组共四根组合梁试件命名为 Ld 系列,分别编号为 Ld-1、Ld-2、Ld-3 和 Ld-4。各试件楼板翼缘宽度均为 240mm,厚度均为 60mm,梁宽均为 200mm。为增强 CWUSC 梁的抗弯性能,上、下翼缘钢板采用 16mm 厚的 Q345 钢材;双侧波纹钢腹板由 1.2mm 厚的 Q345 钢材弯折而成;U 形钢两侧端板采用 8mm 厚的 Q235 钢材;两侧上、下翼缘钢板以 200mm 的间距均匀布置长度为 45mm 的 Φ13 栓钉。翼缘和腹板混凝土的标号为 C40。图 5-1 以剪跨比 1.2 的试件为例,给出了细部尺寸,各试件参数见表 5-1。

表 5-1 CWUSC 梁试件参数

试件	计算跨度 L_0/mm	梁高 H/mm	波纹钢尺寸				剪跨比 λ
			波高 h_r/mm	平板宽 b/mm	斜板宽 d/mm	波折角 θ/°	
Ld-1	800	510	20	31.5	15.5	52.2	0.8
Ld-2	800	510	40	63.0	31.0	52.2	0.8
Ld-3	1200	510	20	31.5	15.5	52.2	1.2
Ld-4	1200	510	40	63.0	31.0	52.2	1.2

注:对于波纹钢波形的疏密程度,这一设计参数通过保持波纹钢板的波形(即波折角 θ)不变,将波高 h_r、平板宽度 b 以及斜板宽度 d 按照相同的比例进行缩放而得到的。波高 20mm 的波纹钢波形密、波高 40mm 的波纹钢波形疏,后面将用波高来代表波纹钢波形的疏密程度。

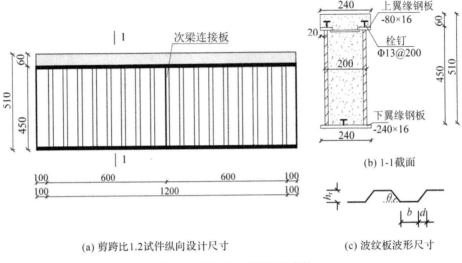

(a) 剪跨比1.2试件纵向设计尺寸　　　(c) 波纹板波形尺寸

(b) 1-1截面

图 5-1　试件 Ld 截面设计参数

　　CWUSC 梁的 U 形钢外壳由波纹钢双腹板,上、下翼缘直钢板以及左、右端板通过焊接加工形成,并在上翼缘焊接栓钉作为抗剪件,U 形钢成型后即可浇筑混凝土,如图 5-2 所示。

图 5-2　CWUSC 梁试件

5.2　材料性质试验

5.2.1　混凝土材料性质试验

　　混凝土腹板和翼缘浇筑时,使用同批混凝土完成一组六个试块的浇筑(边长150mm),与梁一同养护,如图 5-3 所示。表 5-2 为混凝土材料性质试验数据。

(a) 试验前　　　　　　　　　(b) 试验后

图 5-3　混凝土材料性质试验

表 5-2　混凝土材料性质试验数据

强度等级	试件编号	立方体抗压强度 $f_{cu,k}$/MPa	轴心抗压强度 f_c/MPa	弹性模量 E_c/(10^4 MPa)
	1	40.2	26.9	3.26
	2	40.8	27.3	3.28
	3	39.5	26.5	3.25
C40	4	41.1	27.5	3.28
	5	40.3	27.0	3.27
	6	41.5	27.8	3.29
	平均值	40.6	27.2	3.27

5.2.2　钢材材料性质

CWUSC 梁在加工过程中共用到三种不同规格的钢板,分别是牌号为 Q345 的 1.2mm 厚钢板、Q235 的 8.0mm 厚钢板和 Q345 的 16.0mm 厚钢板。按照规范制作成如图 5-4 所示的拉伸件,表 5-3 为参照规范测得的钢板拉伸试验数据。

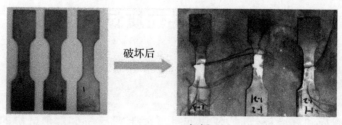

破坏后

(a) 1.2mm钢板

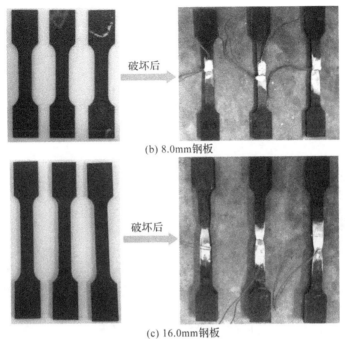

(b) 8.0mm钢板

(c) 16.0mm钢板

图 5-4　金属拉伸试验标准件

表 5-3　钢板拉伸试验数据

强度等级	名义厚度/mm	试件	实测厚度 t/mm	屈服强度 f_y/MPa	抗拉强度 f_u/MPa	弹性模量 E_s/(10^5 MPa)
Q345	1.2	A-1	1.20	388.49	479.88	2.01
		A-2	1.21	386.75	488.09	1.99
		A-3	1.17	395.63	492.93	2.03
		平均值	1.19	390.29	486.97	2.01
Q235	8.0	B-1	7.99	287.77	460.97	1.99
		B-2	7.97	291.58	452.98	2.05
		B-3	8.01	286.99	449.09	2.02
		平均值	7.99	288.79	454.35	2.02
Q345	16.0	C-1	16.10	377.48	537.99	2.02
		C-2	16.21	361.94	510.09	2.03
		C-3	16.08	382.55	537.92	2.05
		平均值	16.13	373.99	528.67	2.03

5.3　加载装置及测点布置

　　CWUSC 梁的抗剪试验在 1000t 的液压机上进行，如图 5-5 所示。因为梁的跨度较小，故采用单点加载，通过圆形钢柱将试验机荷载均匀地传递到试验梁上。

图 5-5　CWUSC 梁的加载装置

　　先施加预测荷载峰值的 1/10 进行预加载，消除加载机、分配梁与试件间的间隙，检查各测点通道是否正确连接，应变、位移等数据是否合理，检查无误后卸载，并应用力-位移联合控制的方式开始正式加载。在弹性范围内，按预测峰值荷载的 1/10 逐级进行加载，每级荷载持续时长约 2min，以便查看和记录混凝土翼缘板裂缝发展、U 形钢梁屈曲等情况。当试验机荷载-位移曲线的斜率明显减小时，以每级 2mm 位移的速度变换加载方式。加载至临近预测最大荷载时，不暂停试验但放缓加载速度，直至试验机荷载下降，试件出现明显破坏现象后，结束加载，试验完成。

　　在试件底部加载点对应位置处放置位移计 L1 以测量其位移；为获得更精准的跨中挠度，在翼缘板上方两支座对应处布设 L2 和 L3，以获得支座在试验中的沉降值。

　　每个试件沿波纹钢腹板高度方向布置应变片，波峰和波谷各布置三个，测量 CWUSC 梁在试验进程中各方向、各高度、各截面处的剪应变；在波纹钢腹板从上至下等距离布置三个应变片，上、下翼缘钢板中心位置处各布置一个应变片，以测量 CWUSC 梁在试验过程中跨中截面 U 形钢梁不同部位处的应变情况。位移计及应变片的布置如图 5-6 所示。

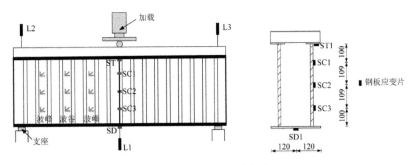

图 5-6　CWUSC 梁测点布置

5.4　试验现象

试验前期,四根试验梁的混凝土翼缘板和外包钢梁均没有过多的变化。当加载至 $0.5P_u$ 左右时,混凝土翼缘板顶部能够观察到纵向裂缝;随着试验的继续进行,板顶的裂缝越来越宽,板侧形成加载点至支座方向的劈裂裂缝,直至混凝土翼缘板压溃。由于梁端的栓钉没有加密布置,因此混凝土板在支座处向上掀起,严重的断裂并掉落,如图 5-7 所示。当接近峰值荷载时,波纹侧板沿加载点至支座连线的交叉方向斜向屈曲,如图 5-8 所示。

(a) 混凝土掀起　　　　　　　　　　(b) 混凝土脱落

图 5-7　混凝土破坏模态

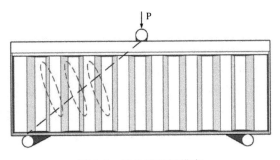

图 5-8　波纹钢破坏模态

5.4.1 试件 Ld-1

试验前期，混凝土翼缘板和外包钢梁均没有过多的变化。当加载至 1000kN（$0.52P_u$）时，混凝土翼缘板顶部开裂，加载点以左有纵向发展的裂缝，如图 5-9(a)所示；当继续加载至 1300kN（$0.68P_u$）时，有一声巨响，跨中加劲肋屈曲，如图 5-9(b)所示，这可能是施工误差，因为其余试件并没有此现象发生；当继续加载至峰值荷载时，加载点左侧波纹侧板向外鼓曲，如图 5-9(c)所示；最后，加载点右侧靠近支座处的波纹侧板出现斜向屈曲，如图 5-9(d)所示，试件破坏。

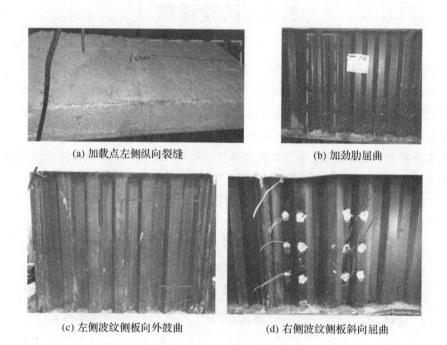

(a) 加载点左侧纵向裂缝   (b) 加劲肋屈曲

(c) 左侧波纹侧板向外鼓曲   (d) 右侧波纹侧板斜向屈曲

图 5-9　试件 Ld-1 试验现象

5.4.2 试件 Ld-2

试验前期，混凝土翼缘板和外包钢梁均没有过多的变化。当试验机荷载为 800kN（$0.50P_u$）时，混凝土翼缘板顶部可观察到纵向裂缝，如图 5-10(a)、图 5-10(b)所示；当继续加载至 1000kN（$0.62P_u$）时，混凝土的开裂区域由板顶扩展到板侧，如图 5-10(a)、图 5-10(b)所示；当继续加载至 1400kN（$0.87P_u$）时，靠近加载点处的左侧波纹钢板波峰斜向屈曲，如图 5-10(c)所示；当继续加载至峰值荷载时，混凝土开裂程度加剧,波纹侧板的斜向屈曲更为明显,如图 5-10(d)所示;最后,左侧波纹钢板斜向屈曲区域由加载点扩展至支座,试件破坏,如图 5-10(e)所示。

(a) 左侧混凝土板裂缝　　　　　　　　　(b) 右侧混凝土板裂缝

 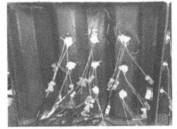 

(c) 波峰斜向屈曲　　　(d) 加载点处波纹板斜向屈曲　　　(e) 左侧波纹板斜向屈曲

图 5-10　试件 Ld-2 试验现象

5.4.3　试件 Ld-3

试验前期,混凝土翼缘板和外包钢梁均没有过多的变化,直至荷载为 700kN(0.39P_u)时,才在混凝土翼缘板顶部观察到纵向裂缝,如图 5-11(a)所示;当继续加载至 1100kN(0.61P_u)时,陆续听到"哒哒"的声音,这是混凝土板的裂缝在发展,如图 5-11(b)所示;当继续加载至峰值荷载时,混凝土板压溃,但 U 形钢仍没有明显的屈曲;最后,右侧波纹钢板斜向屈曲,试件破坏,如图 5-11(c)所示。

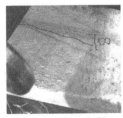  

(a) 混凝土板纵向裂缝　　(b) 混凝土板裂缝持续发展　　(c) 右侧波纹板斜向屈曲

图 5-11　试件 Ld-3 试验现象

5.4.4 试件 Ld-4

试验前期，混凝土翼缘板和外包钢梁均没有过多的变化。当混凝土翼缘板顶部有纵向裂缝时，如图 5-12(a)所示，外荷载为 800kN($0.51P_u$)；继续试验，混凝土板顶裂缝发展，并延伸至板侧，如图 5-12(b)所示；当试验机荷载加到 1500kN($0.96P_u$)时，加载点右侧波纹钢板斜向屈曲，如图 5-12(c)所示；最后，左侧波纹钢板斜向屈曲，混凝土板压溃，试件破坏，如图 5-12(d)、图 5-12(e)所示。

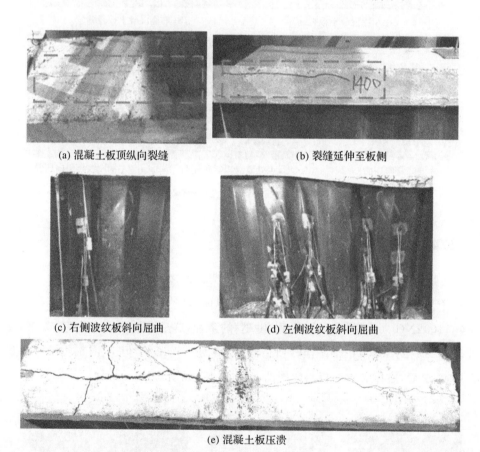

(a) 混凝土板顶纵向裂缝   (b) 裂缝延伸至板侧

(c) 右侧波纹板斜向屈曲   (d) 左侧波纹板斜向屈曲

(e) 混凝土板压溃

图 5-12 试件 Ld-4 试验现象

5.4.5 试件破坏模态

图 5-13 为四根 CWUSC 梁的最终破坏图，从图中可知，CWUSC 梁破坏时，波纹钢腹板斜向剪切屈曲，混凝土翼缘板压溃。通常波纹钢板会发生如图 5-14 所示

的剪切屈曲破坏。试验梁的波峰和波谷均屈曲,但没有完全贯通,属于合成剪切屈曲破坏。

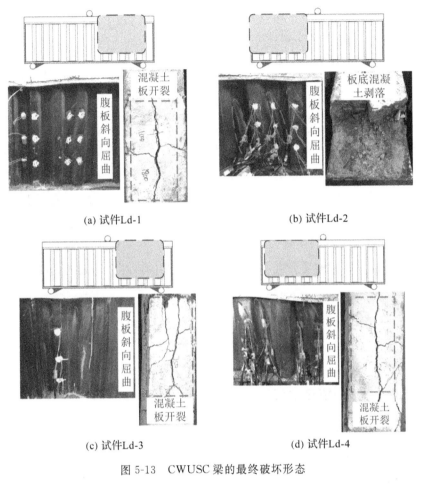

图 5-13　CWUSC 梁的最终破坏形态

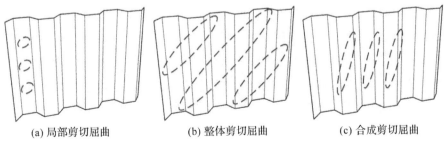

图 5-14　波纹钢板剪切屈曲模态

CWUSC 梁的破坏过程从加载至受剪破坏经历了三个阶段，如图 5-15 所示。

（1）弹性阶段：试件的刚度较大，钢与混凝土共同承担剪力，协同变形；当腹板混凝土受拉开裂或混凝土翼缘板顶开始产生横向或纵向裂缝时，刚度略有下降但对曲线的发展趋势影响不大。

（2）弹塑性阶段：裂缝继续发展，开裂混凝土的应力分配给组合梁其他组成成分，波纹钢腹板也达到屈服应力，试件开始塑性发展，试件刚度降低，曲线由陡变缓。

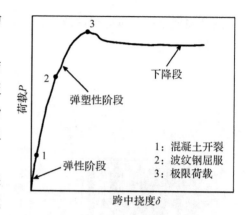

图 5-15 CWUSC 梁受剪破坏过程

（3）下降段：试件到达峰值荷载时，波纹钢腹板斜向剪切屈曲，混凝土板压溃，荷载有所下降。由于 U 形钢的上、下翼缘钢板厚度较厚，当波纹钢屈曲破坏后，还能继续承载，因此当荷载下降到 $0.9P_u$ 左右时，有一段平台期，曲线近似水平线，这与预应力 CWUSC 梁的受剪破坏不同，CWUSC 梁的破坏有一定的延性。

5.5 试验结果分析

5.5.1 剪力-挠度曲线

CWUSC 梁的剪力-挠度曲线对比如图 5-16 所示，以便讨论剪跨比 λ 以及波纹钢波形疏密程度对波纹钢板-钢管混凝土组合梁受剪性能的影响。

5.5.1.1 剪跨比 λ

剪跨比 λ 这一参数的影响可以从图 5-16(a)所示的试件 Ld-1($h_r=20$、$\lambda=0.8$)和试件 Ld-3($h_r=20$、$\lambda=1.2$)、图 5-16(b)所示的试件 Ld-2($h_r=40$、$\lambda=0.8$)和试件 Ld-4($h_r=40$、$\lambda=1.2$)的剪力-挠度曲线对比情况中体现出来。不同剪跨比的试件，抗剪表现存在一定的差异。从图中不难看出，两组对比图均是剪跨比小的曲线在剪跨比大的曲线上方，同组的两个试件，0.8 剪跨比的试件刚度明显大于 1.2 剪跨比的试件；试件的抗剪承载力与剪跨比负相关，试件 Ld-1 的抗剪承载力比试件 Ld-3 提高了 5.3%，试件 Ld-2 的抗剪承载力比试件 Ld-4 提高了 2.9%。1.2 剪跨比的试件在达到极限承载力前，曲线的发展趋势相对较缓，弹塑段更为明显。

5.5.1.2 波纹钢波形疏密程度

波纹钢波形疏密程度这一参数的影响可以从图 5-16(c)所示的试件 Ld-1(h_r=20、λ=0.8)和试件 Ld-2(h_r=40、λ=0.8)、图 5-16(d)所示的试件 Ld-3(h_r=20、λ=1.2)和试件 Ld-4(h_r=40、λ=1.2)的剪力-挠度曲线的对比情况中体现出来。相同剪跨比组的两个试件的剪力-挠度曲线发展趋势差别不大,弹性阶段时,CWUSC 梁的波纹钢腹板还未屈服,跨中挠度随剪力均匀增加;波纹钢腹板屈服后,CWUSC 梁到达弹塑性阶段,剪力的增速放缓,在接下来的试验过程中,剪力-挠度曲线增长相对平缓,直至波纹钢腹板斜向剪切屈曲,混凝土板压溃,曲线开始下降。由于试验梁的上、下翼缘钢板在波纹钢腹板屈曲后仍没达到屈服强度,可以继续工作,因此曲线下降后能够稳住,甚至 0.8 剪跨比组的曲线有缓缓上升的趋势,表明 CWUSC 梁有一定的延性。两组对比图均是波纹钢波形密的曲线包裹住了波纹钢波形疏的曲线,因此波纹钢的波形越稠密,对腹板混凝土的约束效应越强,CWUSC 梁的刚度越大,抗剪承载力越高,试件 Ld-1 的抗剪承载力比试件 Ld-2 提高了19.7%,试件 Ld-3 的抗剪承载力比试件 Ld-4 提高了 16.9%。

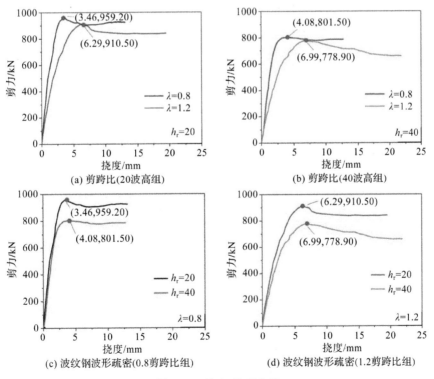

图 5-16 剪力-挠度曲线

综合这四张对比图可以看出,剪跨比越小,波纹钢波形越稠密,CWUSC梁的刚度越大,极限抗剪承载力也越大;剪跨比对刚度的影响相对较大,波纹钢波形的疏密程度对承载力的影响相对较大。

5.5.2　跨中截面 U 形钢应变分析

5.5.2.1　翼缘钢板应变

在试验过程中,跨中翼缘钢板的应变如图 5-17 所示。对比图 5-17(a)和图 5-17(b)可以发现,下翼缘钢板的应变发展比上翼缘钢板的更为充分,但该截面位置处直钢板的应变值均较小,且组合梁达到极限抗剪承载力时,四个试件的钢梁翼缘钢板都仍未屈服,因此尽管四个试件最终发生受剪破坏,但是延性均不差,下翼缘钢板在波纹侧板受剪屈曲后,还有继续承载的能力。

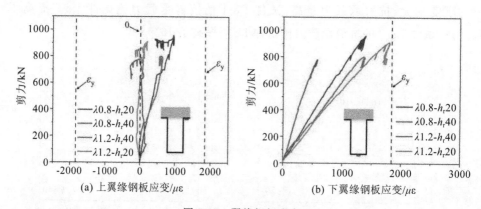

(a) 上翼缘钢板应变/με　　　(b) 下翼缘钢板应变/με

图 5-17　翼缘钢板应变

5.5.2.2　波纹钢腹板应变

跨中截面沿高度方向波纹钢腹板的应变变化过程如图 5-18 所示。从图中可以看出,四个试件跨中截面的波纹钢腹板均没有屈服且应力水平较低,应变几乎为0,与波纹钢几乎不承担弯曲正应力[51]相一致。由于在试验中,波纹钢腹板与内部混凝土相互约束、互为支撑,波纹钢腹板处于复杂的应力状况下,因此四个试件跨中截面沿高度方向波纹钢腹板的应变杂乱无章,拉、压分布与普通的钢筋混凝土梁有较大的差异,基本没有规律可循。

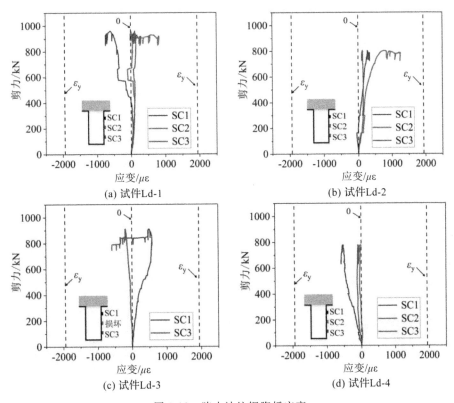

图 5-18　跨中波纹钢腹板应变

5.5.3　剪应变分析

剪应变在各方向、各高度、各截面处的对比如图 5-19～图 5-23 所示,通过观察剪应变可以发现,各处剪应变均在试件加载的弹塑性阶段超过屈服点,且在峰值荷载前充分发展、增大。

支座至加载点连线方向上的剪应变发展情况如图 5-19 所示。剪应变在弹性阶段较为接近,进入弹塑性阶段后开始出现一定的差异,但均呈持续增长趋势,加载点附近的剪应变较大。这可以说明,在受到剪切作用时,波纹钢腹板各部分都可以充分发挥其性能,协同抵抗破坏。

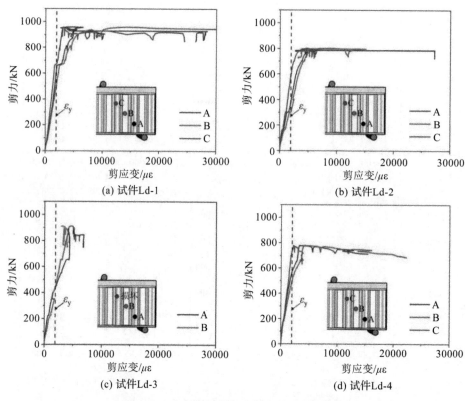

图 5-19　支座至加载点连线方向处的剪应变

　　波纹钢腹板在同一高度处波峰和波谷的剪应变比较如图 5-20 所示。从图中可以发现，0.8 剪跨比（试件 Ld-1 和 Ld-2）的两根试件波峰和波谷处的剪应变存在一定的差异，但是总体发展趋势一致，1.2 剪跨比（试件 Ld-3 和 Ld-4）的两根试件的剪应变在波峰和波谷处完全一致。

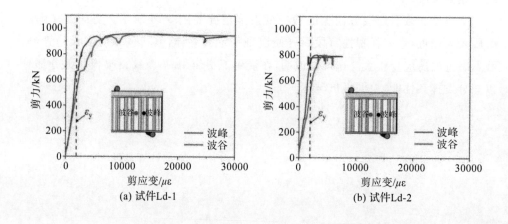

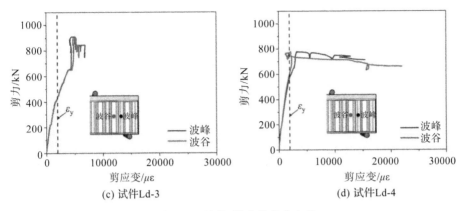

图 5-20　波峰、波谷处的剪应变

　　四个试验梁在加载点截面、中间截面和支座截面处沿不同高度的剪应变情况如图 5-21～图 5-23 所示。每幅图的三条曲线都近乎重合,表明波纹钢的剪应变在同一截面处呈现出高度的一致性,直至加载到接近峰值荷载时,才会因局部屈曲严重等原因产生应变不均匀的情况。

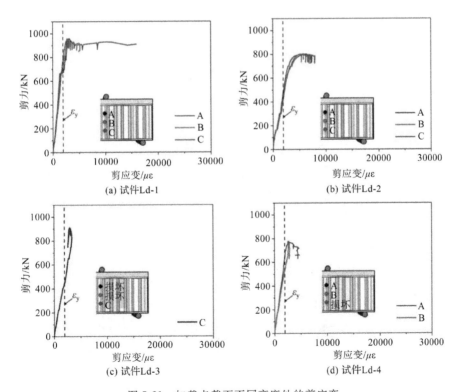

图 5-21　加载点截面不同高度处的剪应变

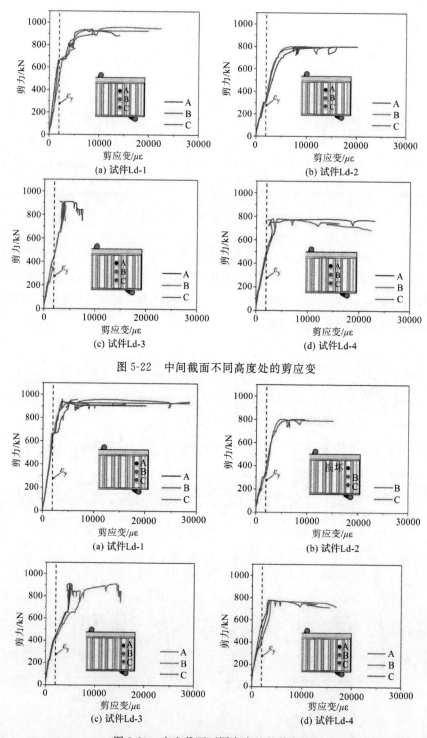

图 5-22　中间截面不同高度处的剪应变

图 5-23　支座截面不同高度处的剪应变

5.6　有限元分析

第 5.5 节对 CWUSC 梁开展了受剪试验研究,仅考虑了剪跨比 λ、波纹钢波形疏密程度这两个因素对 CWUSC 梁抗剪性能的影响,虽然具有代表性,但是不够全面,故仍需要对更多参数进行拓展研究。

本节根据第 5.5 节试验的研究结果,借助于 ABAQUS 软件建立有限元模型,并与试验所得的剪力-挠度曲线进行对比,以验证其准确性。在此基础上,通过试件各部分的应力应变云图对 CWUSC 梁的抗剪性能进行分析。与此同时,针对混凝土强度、波纹钢强度、波纹钢厚度、剪跨比、波纹钢波形疏密程度、下翼缘钢板厚度和下翼缘钢板强度等参数对 CWUSC 梁抗剪性能的影响进行评价。

5.6.1　有限元建模

CWUSC 梁主要由混凝土和 U 形钢梁这两大部分组成。混凝土腹板以及翼缘板部件都按照实体创建。钢-混凝土界面的黏结将采用 ABAQUS 软件中的接触来模拟,故钢梁的上、下翼缘直钢板,左、右两端板以及双腹波纹钢板都创建为实体。

网格的大小关系着有限元计算的准确度。网格过小,将大幅增加时间成本;网格过大,计算精度则将大打折扣。经过试算,综合准确度、计算速度以及收敛情况这些因素,将波纹钢的网格尺寸定为 20mm,其余部件网格略大一点,定为 25mm。

由于 CWUSC 模型中波纹钢腹板与内部混凝土之间的相互作用最为关键,因此采用 ABAQUS 软件中的面与面接触(surface-to-surface contact)来准确模拟两种材料间的相互作用关系。该方式能够分别考虑法向与切向接触面的摩擦影响。研究发现,当摩擦系数在 0.2～0.6 时,混凝土与钢两种材料间的界面摩擦性能与实际情况比较接近,故法向按照硬接触模拟,切向按照库仑摩擦设置,因为在试验过程中,外包钢梁和腹板混凝土始终紧密接触,取摩擦系数为 0.6[66]。

U 形钢的翼缘、腹板、端板部分采用绑定约束,加载垫块与混凝土翼缘板、支座与下翼缘钢板的相互作用关系均使用绑定约束,参考点与加载垫块使用耦合。

对模型边界约束条件的模拟尽量与试验的情况相同,试验中支座为铰接,故在模拟中允许其转动但无法移动($U1=U2=0,U1=U2=U3=0$)。在模型的中点处设置一个参考点作为加载点,限制其转动以及横向、纵向位移,以其竖向位移的形式将荷载作用在模型上。CWUSC 梁建立的有限元模型如图 5-24 所示。

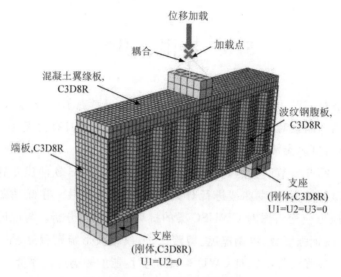

图 5-24　CWUSC 梁的有限元模型

5.6.2　本构模型选用

本节本构模型的选用与之前一致，此处不再赘述。

5.6.3　有限元模型验证

图 5-25 为有限元模拟与试验在破坏时现象的对比，四个试件的现象都差不多，因此选取典型试件 Ld-1 展开描述。试件破坏时，整体的变形有限元与试验相似，如图 5-25(a)所示；波纹钢腹板在加载点至支座连线区域应力值很大，在试验中该部分发生斜向剪切屈曲，如图 5-25(b)所示；有限元混凝土翼缘板侧和板顶的等效塑性应变较大区域与试验中混凝土翼缘板侧劈裂裂缝以及板顶压溃区相对应，如图 5-25(c)所示；图 5-25(d)为上、下翼缘钢板破坏时的应力云图，沿梁跨均没有屈服，且应力值整体偏小，与试验测得的数据一致。

(a) 整体Mises应力云图与破坏现象对比

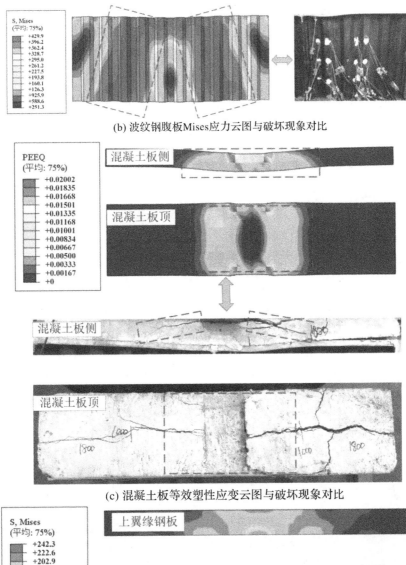

(b) 波纹钢腹板Mises应力云图与破坏现象对比

(c) 混凝土板等效塑性应变云图与破坏现象对比

(d) 上、下翼缘钢板破坏时Mises应力云图

图 5-25　破坏现象对比

　　图 5-26 依次比较了四根 CWUSC 梁从试验和有限元模拟中获取的剪力-挠度曲线。从图中可以看出,从有限元提取的曲线大体符合试验实测结果。但是由于有限元创建的模型过于理想化,而忽略了一些因素的影响,以至于其各项抗剪指标都优于试验值。表 5-4 列出了四个试件通过两种不同研究方法得到的极限抗剪承载力的比值,两者的平均值为 0.99,方差为 0.00005,标准差为 0.007,相差不大且数据离散性较小。

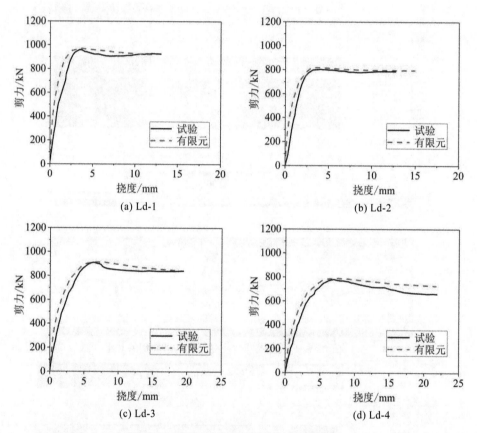

(a) Ld-1　　　　　　　　　　　　(b) Ld-2

(c) Ld-3　　　　　　　　　　　　(d) Ld-4

图 5-26　有限元与试验剪力-挠度曲线对比

表 5-4　有限元模拟值与试验值对比

试件编号	V_{ut}/kN	V_{ue}/kN	V_{ut}/V_{ue}
Ld-1	959.2	970.8	0.99
Ld-2	801.5	818.1	0.98
Ld-3	910.5	913.0	1.00
Ld-4	778.9	788.5	0.99

续表

试件编号	V_{ut}/kN	V_{ue}/kN	V_{ut}/V_{ue}
V_{ut}/V_{ue} 平均值	—	—	0.99
V_{ut}/V_{ue} 方差	—	—	0.00005
V_{ut}/V_{ue} 标准差	—	—	0.007

注：V_{ut} 为极限抗剪承载力试验值，V_{ue} 为极限抗剪承载力有限元模拟值。

综合剪力-挠度曲线和破坏现象的对比，本章建立的有限元模型比较符合 CWUSC 梁的实际情况，因而能够按照这种建模方式开展后续研究。

5.6.4　受力分析

本节将选取典型试件 Ld-1 的有限元云图对 CWUSC 梁各组成成分进行受力分析。

5.6.4.1　混凝土

图 5-27 为 Ld-1 试件混凝土部分剖切面在破坏时的主压应力有限元云图。CWUSC 梁的外荷载由加载点传递至支座，故这个区域的混凝土压应力水平较高，形成斜压条带，且斜压条带在加载点和支座附近的压应力值较大，接近 30MPa，中间部分的压应力在 18.78～24.93MPa，与传统的钢混梁在剪切破坏时的应力分布相似。当该区域混凝土的压应力值达到一定水平后，会出现侧向拉应力，加剧其开裂。因为中段更易生成拉应变，以至于混凝土在该区域内压应力值相对较小。湖南大学仇一颗[67]也发现了混凝土在该区段内的拉压特点。

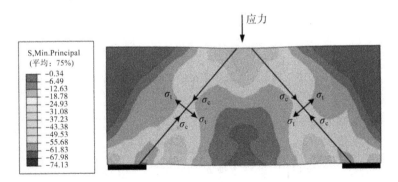

图 5-27　混凝土主压应力分布

5.6.4.2　波纹钢腹板

图 5-28 给出了波纹钢腹板在峰值荷载时的主压和主拉应力矢量云图，主应力的大小和方向可以根据图中箭头的大小和方向判断。

从图 5-28(a)可以看出，波纹钢腹板的主压应力大体在加载点至支座连线方向上，和水平方向的夹角在 45°～52°，即剪力传递路径。

图 5-28(b)中可以看出，波纹钢腹板的主拉应力与剪力传递路径相垂直，与试验中四根试件波纹钢腹板发生斜向剪切屈曲的方向一致。

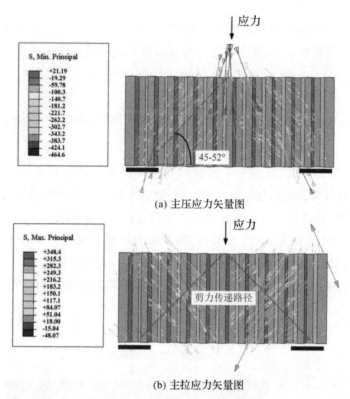

(a) 主压应力矢量图

(b) 主拉应力矢量图

图 5-28 波纹钢板主应力矢量图

5.6.4.3 栓钉

图 5-29(a)展示了焊接在下翼缘钢板处栓钉的 Mises 应力云图。图中，栓钉的受力在整个跨度内不尽相同，靠近支座处的栓钉应力值较大，已达到屈服强度，靠近跨中的两颗栓钉应力值相对较小。

图 5-29(b)为在栓钉影响下混凝土腹板的受力分析图，靠近栓钉处的混凝土有应力值减小的情况发生，极有可能是栓钉的存在阻碍混凝土向支座方向传递剪力，使其受力状况发生改变，使得该处的混凝土产生劈裂裂缝。Liu 等[68]、Zhou 等[69]

在对带有栓钉的直钢腹板-混凝土组合梁开展研究时,发现了相同的现象,并验证了以上的猜想。

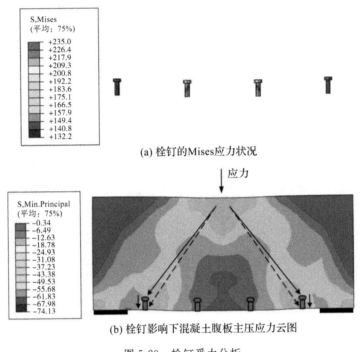

(a) 栓钉的Mises应力状况

(b) 栓钉影响下混凝土腹板主压应力云图

图 5-29　栓钉受力分析

5.6.4.4　各组成成分有限元模型对比

建立 U 形钢与混凝土单独受剪的有限元模型,在相同条件下运算,结果如图 5-30 所示。图 5-30(a)为 CWUSC 梁和混凝土梁、U 形钢梁单独受剪时的剪力-挠度曲线对比,无论是刚度、极限承载力还是延性,SCBSCW 梁都远远优于其单独受剪的各组成成分。

图 5-30(b)为单独受剪 U 形钢梁在破坏时的应力云图,波纹钢板向外鼓曲,上翼缘加载点处严重变形,虽然波纹钢具有良好的抗剪性能,但是内部没有填充混凝土时,薄壁腹板容易失稳,导致波纹钢的优势难以发挥。

图 5-30(c)为单独受剪混凝土梁在破坏时的等效塑性应变云图,混凝土裂缝主要集中在斜截面,没有波纹钢的约束,混凝土横向膨胀相对明显,材料的性能无法得以充分发挥,破坏时也没有征兆。

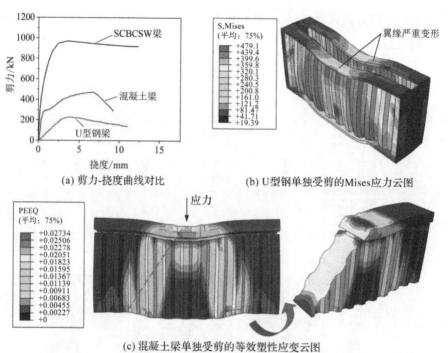

(a) 剪力-挠度曲线对比   (b) U型钢单独受剪的Mises应力云图

(c) 混凝土梁单独受剪的等效塑性应变云图

图 5-30 各部分单独受剪有限元模拟结果

5.6.5 参数分析

本小节在试件 Ld-1 的基础上，通过改变混凝土强度、波纹钢强度、波纹钢厚度、剪跨比、波纹钢波形疏密程度、下翼缘钢板厚度和下翼缘钢板强度等一系列参数，进一步研究了新型 CWUSC 梁抗剪性能的影响因素。表 5-5 为有限元模型的具体参数设置的具体情况。

表 5-5 有限元模型参数设置

参数	变化取值	基准模型值
混凝土强度	C30,C35,C40,C45,C50	C40
波纹钢强度	Q235,Q345,Q390,Q420,Q460	Q345
波纹钢厚度 t_w/mm	0.8,1.0,1.2,1.4,1.6	1.2
剪跨比 λ	0.8,1.0,1.2,1.4	0.8
波纹钢波形疏密程度（波高 h_r/mm）	10,20,30,40,50	20
下翼缘钢板厚度 t_d/mm	2,8,12,16	16
下翼缘钢板强度	Q235,Q345,Q420	Q345

5.6.5.1　混凝土强度

借助于 ABAQUS 软件分析不同混凝土强度下 CWUSC 梁的抗剪行为,图 5 31 为新型组合梁混凝土强度等级在 C30～C50 的剪力-挠度曲线。从图中可以发现,CWUSC 梁的初始刚度大体相同,混凝土产生裂缝后,其强度的变化开始对 CWUSC 梁的刚度产生差异,混凝土强度的提高可以提升 CWUSC 梁的极限承载力。由于混凝土抗压强度越高越容易发生脆性破坏,故模型的延性略有下降。

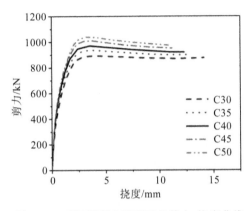

图 5-31　不同混凝土强度下的剪力-挠度曲线

表 5-6 列出了不同标号混凝土对 CWUSC 梁极限承载力造成的差异。当其标号从 C30 扩大到 C35 时,V_{ue} 增幅最大;当其标号从 C45 扩大到 C50 时,V_{ue} 增幅最小。这表明当混凝土强度等级超过 C45 时,再通过增加其强度来提高 CWUSC 梁的承载力,并不是一种经济有效的做法。

表 5-6　混凝土强度对极限承载力的影响

混凝土强度等级	C30	C35	C40	C45	C50
抗剪承载力 V_{ue}/kN	892.4	936.9	970.8	1010.4	1039.8
承载力相比 C40 增量 ΔV/kN	−78.4	−33.9	0	39.6	69.0
承载力相比 C40 增幅/%	−8.1	−3.5	0	4.1	7.1
每级增幅/%	—	5.0	3.6	4.1	2.9

5.6.5.2　波纹钢板强度

借助于 ABAQUS 软件分析不同波纹钢强度下 CWUSC 梁的抗剪性能,图 5-32 为新型组合梁波纹钢强度等级在 Q235～Q460 的剪力-挠度曲线。从图中可以发现,在到达峰值荷载前,五条曲线几乎重合。随着波纹钢强度的提高,极限承载力有所提高,但对延性的影响不大。

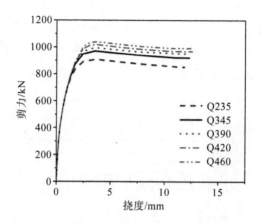

图 5-32　不同波纹钢强度下的剪力-挠度曲线

表 5-7 为波纹钢强度对新型组合梁极限承载力的影响,当波纹钢强度等级从 Q235 增长到 Q460 时,V_{ue} 每级增幅都在逐渐减小。

表 5-7　波纹钢强度对极限承载力的影响

波纹钢强度等级	Q235	Q345	Q390	Q420	Q460
抗剪承载力 V_{ue}/kN	908.4	970.8	995.2	1018.3	1038.9
承载力相比 Q345 增量 ΔV/kN	−62.4	0	24.4	47.5	68.1
承载力相比 Q345 增幅/%	−6.4	0	2.5	4.9	7.0
每级增幅/%	—	6.9	2.5	2.3	2.0

5.6.5.3　波纹钢板厚度

为分析不同波纹钢厚度下 CWUSC 梁的抗剪性能,借助于 ABAQUS 软件分别建立波纹钢厚度为 0.8mm、1.0mm、1.2mm、1.4mm 和 1.6mm 的有限元模型,波纹钢的本构采用 1.2mm 钢板的材料性质试验数据,图 5-33 为新型组合梁波纹钢厚度在 0.8~1.6mm 的剪力-挠度曲线。从图中可以发现,刚开始时,五个模型的刚度差异不大;接近峰值荷载时,随着波纹钢的厚度越来越大,曲线越高越陡,表明波纹钢厚度增加能对新型组合梁的刚度和极限抗剪承载力带来有利影响,延性也略微有所改善。

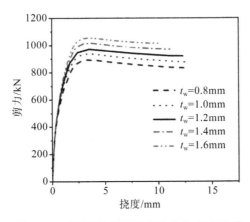

图 5-33　不同波纹钢厚度下的剪力-挠度曲线

表 5-8 为波纹钢厚度对新型组合梁极限承载力的影响,波纹钢厚度每增加 0.2mm,V_{ue}的平均增幅值为 4.25%,表明波纹钢厚度变化对 CWUSC 梁的抗剪性能带来的影响相对较大,波纹钢在组合梁中主要承担抗剪。

表 5-8　波纹钢厚度对极限承载力的影响

波纹钢厚度 t_w/mm	0.8	1.0	1.2	1.4	1.6
抗剪承载力 V_{ue}/kN	893.0	937.0	970.8	1016.9	1055.5
承载力相比 t_w=1.2mm 增量 ΔV/kN	−77.8	−33.8	0	46.1	84.7
承载力相比 t_w=1.2mm 增幅/%	−8.0	−3.5	0	4.7	8.7
每级增幅/%	—	4.9	3.6	4.7	3.8

5.6.5.4　剪跨比

为进一步研究剪跨比对 CWUSC 梁的抗剪行为的影响,通过改变模型的跨度,保持梁高不变,依次创建 λ 为 0.8、1.0、1.2 和 1.4 的有限元模型,图 5-34 为 CWUSC 梁剪跨比在 0.8~1.4 的剪力-挠度曲线。从图中可以发现,四个模型的剪力-挠度曲线发展趋势大致相同,但斜率、极值差异较大。随着剪跨比的增大,CWUSC 梁的刚度和极限承载力均在下降。

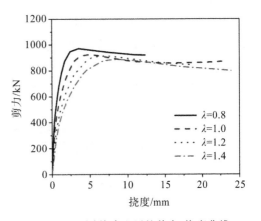

图 5-34　不同剪跨比下的剪力-挠度曲线

表 5-9 列出了剪跨比对 CWUSC 梁极限承载力的影响，λ 由 0.8 增加到 1.4，极限抗剪承载力下降了 8.6%，可见剪跨比对新型组合梁的抗剪表现影响较大。

表 5-9　剪跨比对极限承载力的影响

剪跨比 λ	0.8	1.0	1.2	1.4
抗剪承载力 V_{ue}/kN	970.8	923.5	913.0	887.2
承载力相比 λ＝0.8 增量 ΔV/kN	0	−47.3	−57.8	−83.6
承载力相比 λ＝0.8 增幅/%	0	−4.9	−6.0	−8.6
每级增幅/%	—	−4.9	−1.1	−2.8

5.6.5.5　波纹钢波形疏密程度

为进一步研究波纹钢波形的疏密程度对 CWUSC 梁抗剪行为的影响，借助 ABAQUS 软件分别建立波高为 10mm、20mm、30mm、40mm 以及 50mm 的有限元模型，图 5-35 为新型组合梁在波纹钢波形疏密程度影响下的剪力-挠度曲线。从图中可以发现，波高 10mm 和波高 20mm 的模型曲线在弹性阶段差异相对较小。波纹钢的波形越稠密，对腹板混凝土的约束效应越强，因而 CWUSC 梁的刚度和极限承载力就越大。

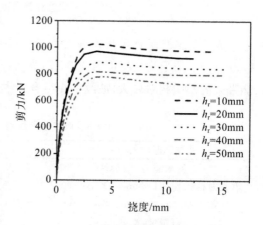

图 5-35　不同波纹钢波形疏密程度
下的剪力-挠度曲线

表 5-10 为波纹钢波形的疏密程度对新型组合梁极限承载力的影响，波高由 20mm 增大到 50mm 时，极限抗剪承载力下降至 19.6%，可见波纹钢波形的疏密程度对新型组合梁的抗剪性能影响较大。当波纹钢的波形过于稀疏时，波纹钢与混凝土的组合抗剪优势不能得到充分发挥。

表 5-10　波纹钢波形疏密程度对极限承载力的影响

波纹钢波形疏密程度 h_r/mm	10	20	30	40	50
抗剪承载力 V_{ue}/kN	1026.2	970.8	887.9	818.1	780.8
承载力相比 h_r＝20mm 增量 ΔV/kN	55.4	0	−82.9	−152.7	−190.0
承载力相比 h_r＝20mm 增幅/%	5.7	0	−8.5	−15.7	−19.6
每级增幅/%	—	−5.4	−8.5	−7.9	−4.6

5.6.5.6　下翼缘钢板厚度

为探究下翼缘钢板厚度对 CWUSC 梁的抗剪行为的影响,借助于 ABAQUS 软件建立厚度分别为 2mm、8mm、12mm 和 16mm 的下翼缘钢板的有限元模型。图 5-36 为新型组合梁在下翼缘钢板厚度影响下的剪力-挠度曲线。从图中可以发现,加载初期,下翼缘钢板厚度对 CWUSC 梁的抗剪表现影响较小。随着下翼缘钢板厚度的增大,CWUSC 梁的抗剪承载力有所上升,曲线下降段愈发平稳,模型在峰值后的延性明显有所改善。

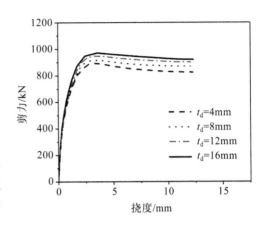

图 5-36　不同下翼缘钢板厚度下的剪力-挠度曲线

图 5-37 为四个厚度下的下翼缘钢板的应力云图。当荷载达到最大值时,4mm 厚的下翼缘钢板跨中部分应力值在 230.6～250.3MPa,8mm 厚的下翼缘钢板跨中部分应力值在 168.2～182.3MPa,12mm 厚的下翼缘钢板跨中部分应力值在 143.2～160.1MPa,16mm 厚的下翼缘钢板在峰值荷载时,跨中部分应力水平仅有 141.1MPa 左右,表明随着下翼缘钢板厚度的增加,材料利用率在逐渐下降。

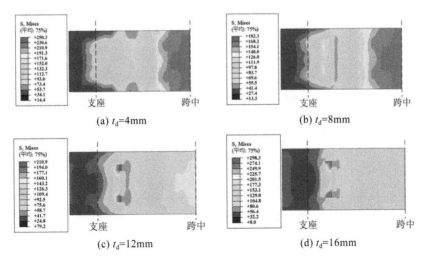

(a) t_d=4mm　　　　　(b) t_d=8mm

(c) t_d=12mm　　　　　(d) t_d=16mm

图 5-37　峰值荷载时下翼缘钢板 Mises 应力云图

表 5-11 为下翼缘钢板厚度增加对新型组合梁抗剪能力产生的影响。虽然下翼缘钢板在组合梁达到极限承载力时还未屈服,但是其存在一定的抗剪贡献,下翼缘钢板每增加 4mm,极限抗剪承载力将增加 2.8%。

表 5-11　下翼缘钢板厚度对极限承载力的影响

下翼缘钢板厚度 t_d/mm	4	8	12	16
抗剪承载力 V_{ue}/kN	893.4	917.3	947.6	970.8
承载力相比 t_d=16mm 增量 ΔV/kN	−77.4	−53.5	−23.2	0
承载力相比 t_d=16mm 增幅/%	−8.0	−5.5	−2.4	0
每级增幅/%	—	2.7	3.3	2.4

5.6.5.7　下翼缘钢板强度

借助于 ABAQUS 软件分析不同下翼缘钢板强度下 CWUSC 梁的抗剪性能,图 5-38 为新型组合梁下翼缘钢板强度等级在 Q235、Q345 和 Q420 时的剪力-挠度曲线。三个模型的曲线完全叠合在一起,表明当钢材强度等级不小于 Q235 时,下翼缘钢板强度对 CWUSC 梁的抗剪性能并没有影响。这是因为在新型组合梁达到极限抗剪承载力时,下翼缘钢板的应力仅有 129~153MPa,如图 5-37(d)所示,材料强度没有充分发挥。

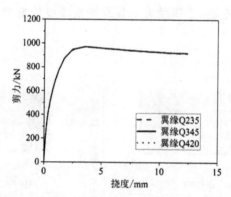

图 5-38　不同下翼缘钢板强度下的剪力-挠度曲线

表 5-12　下翼缘钢板强度对极限承载力的影响

下翼缘钢板强度	Q235	Q345	Q420
抗剪承载力 V_{ue}/kN	970.8	970.8	970.8
承载力相比 Q345 增量 ΔV/kN	0	0	0
承载力相比 Q345 增幅/%	0	0	0
每级增幅/%	—	0	0

5.7　波纹钢板–钢管混凝土组合梁抗剪承载力分析

采用波纹钢腹板的外包钢–混凝土组合梁的钢–混凝土界面得到了加强,其能够充分发挥材料的性能,协同工作能力强,整体性较好。本章列举了一些中外规范对钢–混凝土组合梁极限抗剪承载力的建议算法,但这些算法只涵盖了钢腹板的剪切作用,显然已不适用于新型波纹钢板–钢管混凝土组合梁。为对工程设计提供帮助,本节参考相关规程,基于试验和有限元参数分析,建立了新型 CWUSC 梁的抗剪承载力计算公式。

5.7.1　现有组合梁抗剪承载力公式对比

5.7.1.1　《组合结构设计规范》(JGJ 138—2016)

《组合结构设计规范》(JGJ 138—2016)[39]和《钢结构设计标准》(GB 50017—2017)[70]按公式(5-1)计算钢混组合梁的抗剪承载力,将钢梁腹板作为组合梁中唯一的受剪部分,将混凝土的抗剪贡献全部视作安全储备,过于保守:

$$V_b \leqslant h_w t_w f_{av} \tag{5-1}$$

式中,V_b 为剪力设计值;h_w 为钢梁的腹板高度;t_w 为钢梁的腹板厚度;f_{av} 为钢梁腹板的抗剪强度。

5.7.1.2　Specification for Structural Steel Buildings(ANSI/AISC 360—10)

Specification for Structural Steel Buildings(ANSI/AISC 360—10)[71]默认组合梁的剪力值完全来自钢梁的腹板,而忽视了其另一组成成分——混凝土翼缘板,按公式(5-2)计算:

$$V_n = 0.6 \Phi_v F_v A_w C_v \tag{5-2}$$

式中,V_n 为抗剪承载力;Φ_v 为抗剪分项系数,轧制 I 型钢取 1.0,其他情况取 0.9;F_v 为钢梁腹板屈服强度;A_w 为钢梁腹板截面积;C_v 为钢梁腹板的抗剪系数,通常取为 1.0。

5.7.1.3　Design of Composite Steel and Concrete Structures(BS EN1944—1—1 Eurocode 4)

Design of Composite Steel and Concrete Structures(BS EN1944—1—1 Eurocode 4)[40]建议只计算钢梁的剪力,具体见公式(5-3):

$$V_{p1,Rd} = \frac{A_v (f_y / \sqrt{3})}{\gamma_{M0}} \tag{5-3}$$

式中，$V_{pl,Rd}$为抗剪承载力；A_v为受剪钢梁腹板的截面积；f_y为钢梁的屈服强度；γ_{M0}为抗力分项系数，普通建筑取 1.0。

5.7.2 适用性分析

为分析以上三种规范建议的抗剪承载力算法是否适用于新型波纹钢板-钢管混凝土组合梁，本节分别采用《组合结构设计规范》(JGJ 138—2016)、Specification for Structural Steel Buildings(ANSI/AISC 360—10)和 Specification for Structural Steel Buildings(Eurocode 4)标准中的公式对四根 CWUSC 梁进行抗剪承载力计算，试验值与规范计算值见表 5-13。

表 5-13 CWUSC 梁抗剪承载力试验值与国内外规范计算值

试件	V_{uc}/kN			V_{ut}/kN
	JGJ 138—2016	ANSI/AISC 360—10	Eurocode 4	
Ld-1	175.6	186.9	199.8	959.2
Ld-2	175.6	186.9	199.8	801.5
Ld-3	175.6	186.9	199.8	910.5
Ld-4	175.6	186.9	199.8	778.9

注：V_{uc}为规范计算值，V_{ut}为试验值。

从表中可以看出，按照同一种规范计算的四根 CWUSC 梁的抗剪承载力都相同，无法体现剪跨比和波纹钢波形不同所带来的差异。由此可以得出，国内外规范建议的公式过于保守，材料浪费率高达 70%～80%。国内外规范仅考虑钢腹板抗剪贡献的计算公式显然不适用于新型波纹钢板-钢管混凝土组合梁。

5.7.3 波纹钢板-钢管混凝土组合梁抗剪承载力计算公式

在试验中，波纹钢板-钢管混凝土组合梁中的各组成部分能够很好地协同工作，用波纹钢腹板替代直钢板的情况下，钢-混凝土界面得到了有效加强；有限元受力分析和参数分析亦表明混凝土对 CWUSC 梁的抗剪贡献不容小觑，因此在计算新型 CWUSC 梁的抗剪承载力时，波纹钢腹板的抗剪贡献、混凝土腹板和翼缘板的剪力均需要考虑进去。在推导采用直钢腹板的外包钢-混凝土的抗剪承载力计算公式时发现，钢梁腹板和混凝土的抗剪贡献约各占构件整体抗剪承载力的 50% 和 30%，余下的 20% 来自下翼缘钢板的销栓作用[72]。虽然在试件达到极限承载力时,下翼缘钢板的应力还未达到其屈服强度,但是从有限元参数分析可以看出,下翼缘钢板对 CWUSC 梁的抗剪性能存在一定的影响。

因此,在计算 CWUSC 梁的抗剪承载力时,要把波纹钢腹板提供的剪力 V_{sw}、混凝土腹板的抗剪贡献 V_{cw}、混凝土翼缘板的剪力 V_{cf} 以及下翼缘钢板的销栓作用 V_d 都考虑进去,如图 5-39 所示。

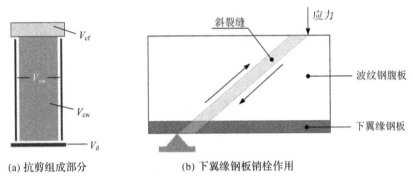

(a) 抗剪组成部分　　　　　(b) 下翼缘钢板销栓作用

图 5-39　CWUSC 梁抗剪承载力计算模型

下面将分别建立新型 CWUSC 梁各抗剪组成部分的计算公式,图 5-40 为新型 CWUSC 梁计算示意图。

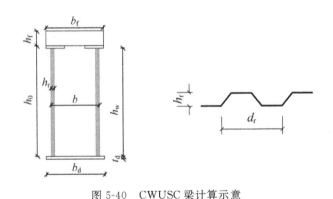

图 5-40　CWUSC 梁计算示意

5.7.3.1　波纹钢腹板的抗剪承载力 V_{sw}

波纹钢的抗剪性能较强,在加载过程中,其应力水平较高,能够达到其抗拉强度,因此在《组合结构设计规范》(JGJ 138—2016)的基础上,按照公式(5-4)对 V_{sw} 进行计算:

$$V_{sw} = f_u A_{sw} \tag{5-4}$$

$$A_{sw} = 2t_w h_w \tag{5-5}$$

式中,f_u 为波纹钢的抗拉强度;A_{sw} 为双腹波纹钢板的面积;t_w 为波纹钢腹板的厚度;h_w 为波纹钢腹板的高度。

5.7.3.2 混凝土腹板的抗剪承载力 V_{cw}

波纹钢能够约束住混凝土腹板,延缓其裂缝发展,制约了混凝土腹板的横向膨胀,且试验和有限元模拟均说明波纹钢波形的疏密程度对 CWUSC 梁的抗剪承载力有一定的影响,故在《混凝土结构设计规范》(GB 50010—2010)[62] 的基础上,引入考虑波纹钢波形疏密程度对 CWUSC 梁抗剪承载力影响的系数 γ_c,按照公式(5-6)对 V_{cw} 进行计算:

$$V_{cw} = \gamma_c \frac{1.75}{\lambda + 1} f_t A_{cw} \tag{5-6}$$

$$\gamma_c = 0.4 \frac{n}{\lambda} \tag{5-7}$$

$$n = \frac{a}{d_r} \tag{5-8}$$

$$A_{cw} = (b - h_r) h_0 \tag{5-9}$$

式中,γ_c 为波纹钢波形疏密程度影响系数;f_t 为混凝土抗拉强度;A_{cw} 为混凝土腹板面积;n 为剪跨段内波纹钢的周期数;a 为组合梁剪跨段长度;d_r 为波纹钢一个周期的波长;b 为组合梁宽;h_r 为波纹钢的波高;h_0 为截面有效高度。

5.7.3.3 混凝土翼缘板的抗剪承载力 V_{cf}

规范中常将混凝土翼缘板的剪力作为安全储备,Nie 等[73] 在研究中发现抗剪承载力与混凝土翼缘板宽度正相关,故参照《混凝土结构设计规范》(GB 50010—2010),按照公式(5-10)计算 V_{cf}:

$$V_{cf} = \frac{1.75}{\lambda + 1} f_t A_{cf} \tag{5-10}$$

$$A_{cf} = h_f b_f \tag{5-11}$$

式中,A_{cf} 为混凝土翼缘板的面积;h_f 为混凝土翼缘板的高度;b_f 为混凝土翼缘板的宽度。

5.7.3.4 下翼缘钢板的销栓作用 V_d

下翼缘钢板的销栓作用按照文献[24] 建议的公式进行计算,如公式(5-12)所示:

$$V_d = \eta_d \frac{0.58}{\lambda} f_v A_d \tag{5-12}$$

$$A_d = h_d b_d \tag{5-13}$$

式中，η_d 为考虑下翼缘钢板处于不利抗剪位置的折减系数，建议取为 0.2，具体可根据实际情况，酌情取值，特定情况下可取为 0，将下翼缘钢板的剪力作为安全储备；f_v 为下翼缘钢板的抗剪强度；A_d 为下翼缘钢板的面积；b_d 为下翼缘钢板的宽度；t_d 为下翼缘钢板的厚度。

　　通过公式(5-4)～公式(5-13)，可叠加得到新型波纹钢板-钢管混凝土组合梁抗剪承载力 V_u：

$$V_u = V_{sw} + V_{cw} + V_{cf} + V_d \tag{5-14}$$

5.7.4　抗剪承载力计算公式验证

　　表 5-14 给出了抗剪承载力按公式(5-14)计算值 V_{uc} 与试验值 V_{ut} 的对比结果，V_{uc}/V_{ut} 的平均值为 0.97；图 5-41 为两者的对比结果，误差在 ±10% 以内。因此，按照公式(5-14)来计算新型 CWUSC 梁的抗剪承载力相对更准确、可靠。

表 5-14　抗剪承载力的占比及比较

试件	$V_{ut}/$ kN	$V_{sw}/$ kN	$V_{cw}/$ kN	$V_{cf}/$ kN	$V_d/$ kN	$V_{uc}/$ kN	$V_{sw}/$ V_{uc}	$V_{cw}/$ V_{uc}	$V_{cf}/$ V_{uc}	$V_d/$ V_{uc}	$V_{uc}/$ V_{ut}
Ld-1	959.2	471.5	386.2	33.5	97.4	988.6	0.48	0.39	0.03	0.10	1.03
Ld-2	801.5	471.5	171.7	33.5	97.4	774.1	0.61	0.22	0.04	0.13	0.97
Ld-3	910.5	471.5	316.0	27.4	64.9	879.8	0.54	0.36	0.03	0.07	0.97
Ld-4	778.9	471.5	140.4	27.4	64.9	704.3	0.67	0.20	0.04	0.09	0.90
平均值	—	—	—	—	—	—	0.58	0.29	0.04	0.10	0.97

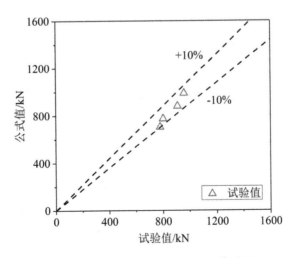

图 5-41　抗剪承载力公式值与试验值对比

在组合梁的四个抗剪组成部分中,波纹钢腹板的抗剪贡献最高,约为54%;混凝土腹板次之,约为32%;销栓作用可承担约10%的剪力;由于本书设计的试验梁混凝土翼缘板的宽度较小,故抗剪贡献最小,约为4%。新型波纹钢板-钢管混凝土组合梁的抗剪组成与传统的钢-混凝土组合梁差异显著。

为进一步评估新型CWUSC梁抗剪承载力计算公式的可行性,以试件Ld-1、Ld-2、Ld-3和Ld-4为基准模型,借助于ABAQUS软件分别对其进行参数分析,模拟的结果与公式计算值的对比详见表5-15,V_{uc}/V_{ue}的平均值为0.95。图5-42为抗剪承载力公式值与有限元值对比,误差约在±10%。综上,按照公式(5-14)来推测CWUSC梁的抗剪承载力具有可行性。

表 5-15　抗剪承载力计算值与有限元结果对比

试件	参数	V_{uc}/kN	V_{ue}/kN	V_{uc}/V_{ue}
	模型 Ld-1	988.6	970.8	1.02
	C30	921.9	892.4	1.03
	C35	955.3	936.9	1.02
	C45	1009.7	1010.4	1.00
	C50	1032.5	1039.8	0.99
	Q235	888.3	908.4	0.98
Ld-1	Q390	1008.7	995.2	1.01
	Q420	1038.8	1018.3	1.02
	Q460	1068.9	1039.0	1.03
	$t_w=0.8mm$	831.4	893.0	0.93
	$t_w=1.0mm$	910.0	937.0	0.97
	$t_w=1.4mm$	1067.2	1016.9	1.05
	$t_w=1.6mm$	1145.8	1085.5	1.06
	模型 Ld-2	774.1	818.1	0.95
	C30	741.4	753.5	0.98
	C35	757.7	787.7	0.96
	C45	784.4	844.3	0.93
	C50	795.5	870.7	0.91
	Q235	673.7	756.1	0.89
Ld-2	Q390	794.1	842.9	0.94
	Q420	824.2	858.9	0.96
	Q460	854.3	879.2	0.97
	$t_w=0.8mm$	616.9	699.5	0.88
	$t_w=1.0mm$	695.5	778.6	0.89
	$t_w=1.4mm$	852.6	858.2	0.99
	$t_w=1.6mm$	931.2	898.4	1.04

续表

试件	参数	V_{uc}/kN	V_{ue}/kN	V_{uc}/V_{ue}
Ld-3	模型 Ld-3	879.8	913.0	0.96
	C30	825.2	838.7	0.98
	C35	852.5	878.0	0.97
	C45	897.1	942.8	0.95
	C50	915.8	972.9	0.94
	Q235	779.5	843.9	0.92
	Q390	899.9	941.0	0.96
	Q420	930.0	960.0	0.97
	Q460	960.1	984.8	0.97
	$t_w=0.8$mm	722.7	802.6	0.90
	$t_w=1.0$mm	801.2	868.1	0.92
	$t_w=1.4$mm	958.4	957.6	1.00
	$t_w=1.6$mm	1037.0	1003.0	1.03
Ld-4	模型 Ld-4	704.3	788.5	0.89
	C30	677.6	724.5	0.94
	C35	690.9	758.7	0.91
	C45	712.7	810.0	0.88
	C50	721.8	833.4	0.87
	Q235	604.0	699.3	0.86
	Q390	724.3	815.7	0.89
	Q420	754.4	833.4	0.91
	Q460	784.5	856.1	0.92
	$t_w=0.8$mm	547.1	640.7	0.85
	$t_w=1.0$mm	625.7	705.0	0.89
	$t_w=1.4$mm	782.9	831.4	0.94
	$t_w=1.6$mm	861.4	873.6	0.99
平均值	—	—	—	0.95

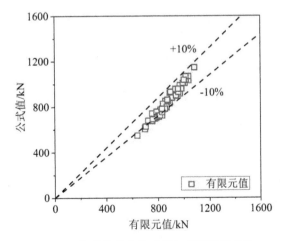

图 5-42　抗剪承载力公式值与有限元值对比

第6章
波纹钢板-钢管混凝土组合框架节点研究

6.1 试件概况

6.1.1 CSW边节点

波纹钢板-钢管混凝土组合框架(CSW)边节点取自国内某仓库框架相邻梁与边柱反弯点之间的单元,如图 6-1 所示。按照庄方[74]与实验室设备要求选取1/2缩尺比例模型,其中,柱反弯点之间的距离为 4.35m,梁反弯点之间的距离为4.2m。

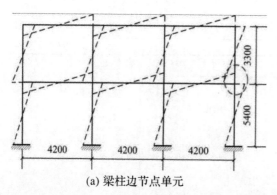

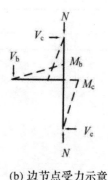

(a) 梁柱边节点单元

(b) 边节点受力示意

图 6-1　梁柱边节点单元及受力示意

试件中柱的截面尺寸为 500mm×500mm,柱长为 3640mm;梁截面尺寸为220mm×525mm,梁长为 2010mm;楼板的截面尺寸为 140mm×75mm,楼板长为1500mm;试件的详细构造及其主要尺寸,如图 6-2 所示。为满足组合梁中翼缘与混凝土之间的抗剪要求,组合梁下翼缘和上翼缘设置栓钉和槽钢,其中栓钉直径为

19mm、长度为 50mm、间距为 200mm,槽钢为 5 号槽钢、间距为 400mm、槽钢长度为 180mm。上、下柱连接板通过 M28 的高强螺栓进行连接。梁下翼缘与节点下翼缘板采用全熔透坡口焊,施焊时设置垫板,施焊完毕后将垫板去掉。

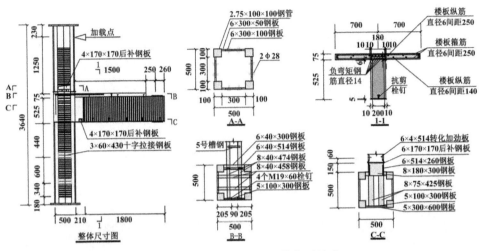

图 6-2　边节点详细构造及其主要尺寸

试件制作包括钢材加工及安装、楼板钢筋定位与绑扎、钢筋应变片粘贴、混凝土浇筑与养护等。

钢材加工及安装:首先进行钢材备料,钢材有方钢管、波纹钢板、直钢板、角钢、槽钢、栓钉等,其中波纹钢板按照设计尺寸由直钢板冷弯形成,其他钢材依据设计尺寸进行采购与裁剪,同时按照《金属材料　拉伸试验　第 1 部分:室温试验方法》(GB/T 228.1—2021)[12] 的要求,在同一批次的钢材中先截取三个钢板材料性质试件进行拉伸试验;然后按照设计要求将上柱、下柱、梁三部分焊接拼装;最后将上柱、下柱、梁按照设计要求组装形成钢甲壳。

楼板钢筋定位与绑扎:按照设计要求,在梁两侧支模板进行楼板钢筋和负弯矩钢筋的定位与绑扎,同时按照《金属材料　拉伸试验　第 1 部分:室温试验方法》(GB/T 228.1—2021)[12] 的要求,在同一批次的钢筋中截取三根钢筋材料性质试件进行拉伸试验。

钢筋应变片粘贴:按照设计要求布置钢筋应变片,等后期混凝土浇筑完成,对所贴应变片进行检查。

混凝土浇筑与养护:混凝土浇筑时,严格控制浇筑质量,保证混凝土浇筑密实,混凝土浇筑完成后按照养护要求进行 28 天养护。同时,按照《混凝土物理力学性能试验方法标准》(GB/T 50081—2019)[10]制作六个 150mm×150mm×150mm 立方体试块与 CSW 边节点试件同条件养护。试件加工照片见图 6-3。

(a) 波纹钢板-钢管混凝土柱制作

(b) 波纹钢板-钢管混凝土组合梁制作

(c) CSW边节点钢结构组装

(d) CSW边节点楼板混凝土支模板

(e) CSW边节点混凝土浇筑

(f) CSW边节点混凝土养护

图 6-3　试件加工

6.1.2　CSW 中节点

为方便试验进行，CSW 中节点设计三榀框架，中节点取自框架相邻梁柱反弯点之间的单元，如图 6-4 所示。按照规范与实验室设备要求选取 1/2 缩尺比例模型，其中柱反弯点之间的距离为 3.3m，梁反弯点之间的距离为 3.9m[74]。

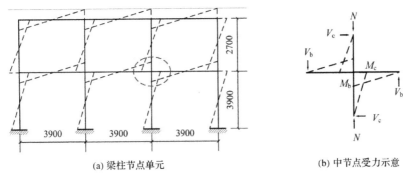

(a) 梁柱节点单元　　　　　　(b) 中节点受力示意

图 6-4　梁柱中节点单元及受力示意

　　试件中柱的截面尺寸为 400mm×400mm，柱长为 2650mm；梁截面尺寸为 220mm×300mm，梁长为 1860mm；楼板的横截面尺寸为 140mm×80mm，楼板长为 1150mm。为满足组合梁翼缘与混凝土之间的抗剪要求，组合梁上、下翼缘设置一定数量的栓钉，其中栓钉直径为 13mm，长为 65mm，间距为 200mm；下翼缘与下翼缘板连接板采用全熔透坡口焊，施焊时设置垫板，施焊完毕后将垫板去掉。试件整体尺寸及其详细构造，如图 6-5 所示。

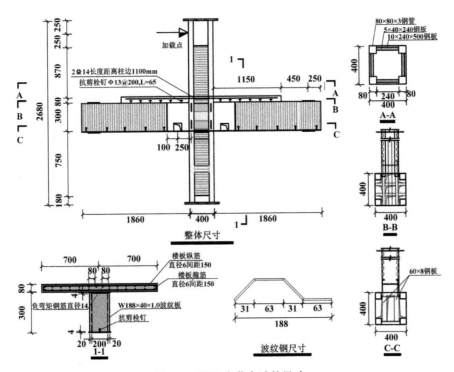

图 6-5　CSW 中节点试件尺寸

CSW 中节点制作流程:甲壳柱的制作与拼接→甲壳梁的制作与拼接→梁柱节点拼接→楼板支模→楼板钢筋绑扎→混凝土浇筑→混凝土养护,试件加工的照片如图 6-6 所示。同时,按照规范[12,62]要求,制作钢材、钢筋以及波纹钢板的材料性质试件。

(a) 中节点安装　　　　　　　　　(b) 中节点楼板植筋完成

图 6-6　CSW 中节点试件加工

6.2　材料性质试验

6.2.1　混凝土材料性质

对于边节点,试件混凝土强度等级均为 C40。而对于中节点,由于截面面积较小,为保证小腔混凝土浇筑密实且方便现场施工,波纹钢板-钢管混凝土柱的钢管内混凝土在预制构件工厂提前灌注,其中钢管内混凝土为 C60 灌浆料。为了更好地为工程提供参考价值,CSW 中节点柱钢管内混凝土为 Ⅰ 类水泥基灌浆料,强度等级为 C60,柱大腔以及梁 U 形腔内为普通混凝土,强度等级为 C40。按照《混凝土结构设计规范》(GB/T 50081—2019)[62]制作六个 150mm×150mm×150mm 立方体试块,试块与 CSW 节点试件同条件养护,材料性质试件与加载照片,如图 6-7 所示。所得混凝土的材料性质见表 6-1。由《混凝土结构设计规范》(GB/T 50081—2019)[62]中立方体抗压强度与轴心抗压强度的转化关系,可得混凝土的轴心抗压强度,混凝土弹性模量 E_c 由公式(6-1)计算得出:

$$E_c = \frac{10^5}{2.2 + \frac{34.7}{f_{cu,k}}}$$

(6-1)

(a) 混凝土材性试件

(b) 混凝土材性试件加载

图 6-7　混凝土材料性质试验

表 6-1　CSW 节点混凝土的材料性质

节点类型	混凝土等级	试件	立方体抗压强度值 $f_{cu,k}/\text{MPa}$	轴心抗压强度 f_c/MPa	弹性模量 $E_c/(10^4\,\text{MPa})$
边节点	C40	1	38.68	29.40	3.23
		2	41.20	31.31	3.29
		3	34.18	25.98	3.11
		4	37.71	28.66	3.21
		5	36.52	27.76	3.17
		6	38.62	29.35	3.23
		均值	37.81	28.74	3.21
中节点	C40	1	40.19	30.54	3.26
		2	38.06	28.93	3.21
		3	37.84	28.76	3.21
		4	41.26	31.36	3.29
		5	37.28	28.33	3.19
		6	39.03	29.66	3.24
		均值	38.94	29.59	3.24
	C60	7	60.19	46.95	3.60
		8	60.06	46.85	3.60
		9	58.84	45.90	3.58
		10	61.26	47.78	3.61
		11	62.28	48.58	3.63
		12	59.03	46.04	3.59
		均值	60.28	47.02	3.60

6.2.2　钢材材料性质

试件钢板强度等级均为 Q345,钢板的名义厚度为 1mm、2.75mm、3mm、4mm、5mm、6mm、8mm、10mm 等;试件钢筋的名义直径为 6mm 和 14mm,其中,边节点直径为 6mm 的钢筋等级为 HRB400,直径为 14mm 的钢筋等级为 HRB500;中节点名义直径为 6mm 和 14mm 的钢筋等级为 HRB400。按照《金属材料 拉伸试验 第 1 部分:室温试验方法》(GB/T 228.1—2021)[12]规定,材料性质试验的钢板和钢筋为同一批材料进行制取,制取数量为三个,以每组试件的平均值来确定钢板和钢筋的材料性质,材料性质试件的制作与试验,如图 6-8 所示。所得钢筋与钢板的材料性质见表 6-2 和表 6-3。

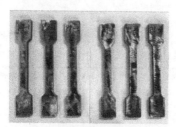

(a) 钢板的材性试件

(b) 钢筋的材性试件

(c) 试件安装与加载

(d) 试件被拉断

图 6-8　钢板与钢筋材料性质试验

表 6-2　CSW 节点钢筋的材料性质

节点类型	强度等级	钢材名义厚度 h/mm	实测厚度均值 h/mm	屈服强度均值/MPa	极限强度均值/MPa	弹模均值/(10^5 MPa)	伸长率均值/%
边节点	HRB400	6	5.59	443.02	615.23	2.01	26.32
	HRB500	14	14.03	523.25	702.82	1.98	35.10
中节点	HRB400	6	6.00	402.29	565.37	2.01	34.38
	HRB400	14	15.02	413.49	482.82	1.99	35.10

表 6-3　CSW 节点钢材的材料性质

节点类型	钢材类型	钢材名义厚度 h/mm	实测厚度均值 h/mm	屈服强度均值/MPa	极限强度均值/MPa	弹模均值/(10^5 MPa)
边节点	钢管	2.8	2.81	435.30	588.38	2.01
	波纹钢板	1.0	0.98	413.09	482.82	1.98

续表

节点类型	钢材类型	钢材名义厚度 h/mm	实测厚度均值 h/mm	屈服强度均值/MPa	极限强度均值/MPa	弹模均值/(10^5 MPa)
边节点	钢板	3.0	3.01	417.35	564.63	2.05
		5.0	4.99	402.29	565.37	2.06
		6.0	6.00	514.50	619.79	1.99
		8.0	8.02	452.64	576.23	2.03
	钢管	3.0	3.02	402.29	565.37	2.01
中节点	波纹钢板	1.0	0.99	413.49	482.82	1.99
	钢板	3.0	3.01	417.35	564.63	2.05
		4.0	4.02	465.10	581.21	2.06
		5.0	4.97	514.50	619.79	2.05
		6.0	6.01	519.19	622.53	2.01
		8.0	8.00	402.07	565.65	2.01
		10.0	10.02	522.04	627.89	2.04

6.3　加载装置及测点布置

6.3.1　加载装置与制度

试验系统如图 6-9 所示。试验系统包括 1000t 垂向作动器(最大推力为 10000kN,最大拉力为 3000kN,行程为 ±300mm)和 150t 水平作动器(最大推力为 1500kN,最大拉力为 1500kN,行程为 ±400mm)。

对于边节点,加载方式为柱端加载,柱底采用铰支座,梁端采用滑动支座,柱顶施加竖向轴力,水平加载点处施加往复荷载。施加往复荷载前,首先利用安装在柱顶位置的竖向千斤顶对试件预压两次,预加载值为 $0.4P=790.28$ kN,然后分两级施加竖向轴压力至预定荷载,分别为 $0.5P=987.85$ kN、$1.0P=1975.7$ kN,其中 P 为轴压值(轴压比为 0.4)。每级荷载施加完毕后,保持荷载 1min,采集数据。竖向预定轴力施加完毕后再安装梁端支座,以确保在施加轴力的过程中梁端不会引入额外力。最后,在柱端施加循环往复荷载直至试件失效,整个加载过程中柱顶轴力保持恒定。

对于中节点,加载方式为柱端加载,柱底采用铰支座,梁端采用滑动支座,柱顶施加竖向轴力,水平加载点处施加往复荷载。施加低周往复荷载前,首先利用安装在柱顶位置的竖向千斤顶对试件预压两次,预加载值为 $0.4P=611.3$ kN,然后分两级施加竖向轴压力至预定荷载,分别为 $0.5P=764.2\mathrm{kN}$、$1.0P=1528.3\mathrm{kN}$,其中 P 为轴压值(轴压比为 0.4)。每级荷载施加完毕后,保持荷载 1min,采集数据。竖向预定轴力施加完毕后再安装梁端支座,以确保在施加轴力的过程中梁端不会引入额外内力。最后,在柱端施加低周往复荷载直至试件失效,整个加载过程中柱顶轴力保持恒定。

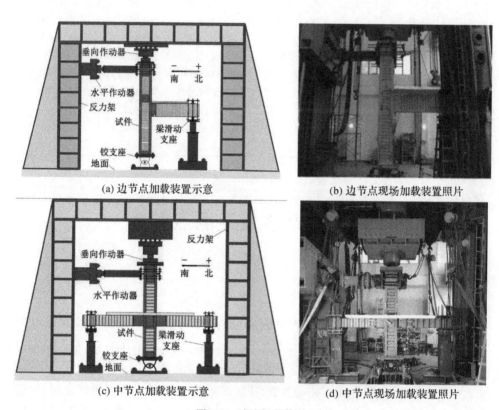

(a) 边节点加载装置示意   (b) 边节点现场加载装置照片

(c) 中节点加载装置示意   (d) 中节点现场加载装置照片

图 6-9 试验加载装置

加载制度为荷载-位移双控制加载,具体加载制度如图 6-10 所示。

对于边节点,首先对试件进行预加载;柱顶施加竖向轴力至 1975.7kN;往复加载首先采用荷载加载,进行一次往复循环,试验时以推为正方向,拉为负方向;当荷载-位移曲线出现明显拐点时,采用位移加载方式以层间位移角进行加载,并进行三次循环加载,其中位移角幅值分别为 1/200、1/150、1/100、1/75、1/50、1/40、1/30,分别对应的位移为 18mm、24mm、36mm、49mm、73mm、92mm、123mm;当荷载值下降到峰值荷载的 85% 或滞回环出现不稳定现象时,终止试验。

对于中节点,试件加载前期采用荷载控制,荷载值为 30kN、40kN、50kN、60kN,当加载位移值接近 1/450 对应的位移值 8mm 时,采用位移控制,以层间位移角的倍数进行加载,位移角值分别为 1/450、1/400、1/350、1/300、1/300、1/250、1/200、1/150、1/100、1/75、1/50、1/25、1/20,分别对应的位移值为 8mm、9mm、10mm、12mm、15mm、18mm、24mm、36mm、49mm、73mm、146mm、182mm,其中在荷载加载以及层间位移角为 1/450、1/400、1/350、1/300、1/250,位移加载时进行一次循环,其他层间位移角进行三次循环,试验加载至试件荷载下降到峰值荷载的85%或滞回环出现不稳定现象时终止试验。

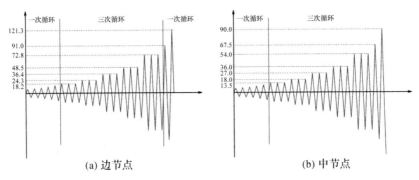

图 6-10　加载制度

6.3.2　测点布置

6.3.2.1　CSW 边节点

CSW 边节点的测量内容包括柱顶水平荷载及位移、梁端弯曲变形、节点核心区剪切变形、节点核心区钢材的应变、梁端上翼缘钢板的应变、下翼缘钢板的应变、负弯矩钢筋应变。所用测量仪器包括位移计、BX120-3CA 钢材应变花(栅长 3mm×栅宽 2mm)、BX120-5AA 应变片(栅长 5mm×栅宽 3mm)。位移计和应变花及应变片的布置如图 6-11 所示。

测量方案如下。

(1)柱顶水平位移通过柱顶布置的位移计 1[#] 测量,柱顶的水平荷载由垂向作动器上的力传感器得到。

(2)梁端的弯曲变形通过布置在梁柱连接处的 2[#]、3[#] 伸缩量求得。

(3)节点核心区的剪切变形通过布置在节点核心区的位移计 4[#]、5[#] 变形量以及核心区剪切变形的几何关系求得。

（4）节点核心区钢材的应变可由 BX120-3CA 钢材应变花测得,梁端上、下翼缘钢板的应变、负弯矩钢筋应变可由 BX120-5AA 钢材应变片测得。

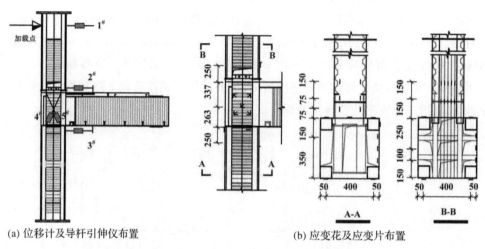

(a) 位移计及导杆引伸仪布置   (b) 应变花及应变片布置

图 6-11 位移计和应变花及应变片布置

6.3.2.2 CSW 中节点

CSW 中节点的测量内容包括柱顶水平荷载及位移、节点核心区钢材的应变、梁端上翼缘钢板的应变、下翼缘钢板的应变、负弯矩钢筋应变。所用测量仪器包括位移计、BX120-3CA 钢材应变花(栅长 3mm×栅宽 2mm)、BX120-5AA 应变片(栅长 5mm×栅宽 3mm),应变片及应变花的布置如图 6-12 所示,位移计的布置如图 6-13 所示。

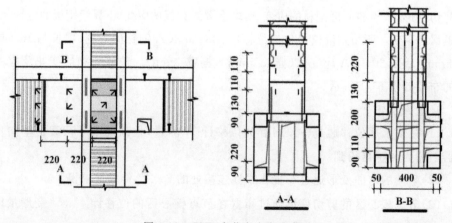

图 6-12 CSW 中节点应变片布置

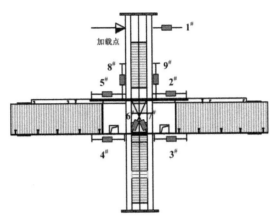

图 6-13 CSW 中节点位移计布置

具体测量方案如下。

(1)柱顶水平位移通过柱顶布置的位移计 1# 测量,柱顶的水平荷载由作动器上的力传感器得到。

(2)节点核心区钢材的应变可由 BX120-3CA 钢材应变花测得,梁端上、下翼缘钢板的应变、负弯矩钢筋应变可由 BX120-5AA 钢材应变片测得。

6.4 试验现象

6.4.1 边节点试件

加载初期,试件无明显现象;当荷载增加至 67.5kN 时,楼板与柱连接处混凝土开裂,且由于楼板与梁之间的剪切作用,在槽钢的位置出现细微裂缝,之后随着荷载和位移增加,裂缝宽度不断扩大;当荷载增加到 88.8kN 时,位移为 18mm(位移角为 1/200)时,梁下翼缘受拉屈服;当位移加载至 27.82mm(位移角为 1/125)时,负弯矩钢筋受拉屈服,试件屈服;当位移加载至 36.4mm(位移角为 1/100)时,梁端形成明显塑性铰,负向加载时,该区域下翼缘钢板受压鼓曲,且周围两侧波纹钢板受压变形,随着循环次数的增加,现象更加明显,如图 6-14 和图 6-15 所示;当位移加载至 43.1mm(位移角为 1/83)时,负向加载时,梁端下翼缘受压鼓曲严重,且有混凝土开裂的声音;当位移加载至 45.77mm(位移角为 1/80)时,梁端下翼缘与波纹钢板连接处开裂,底部混凝土被压碎,如图 6-16 所示;此时负向荷载下降到峰值荷载的 85% 以下;当位移加载至 92mm(位移角为 1/40)时,下翼缘钢板被拉断,如图 6-17 所示;当正向荷载下降到峰值荷载的 85% 以下时,试件破坏。

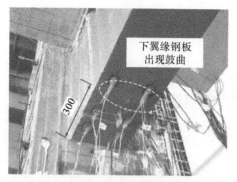

图 6-14 梁下翼缘钢板受压鼓曲

图 6-15 塑性铰区波纹钢板变形

图 6-16 梁下翼缘与波纹钢板连接处开裂

图 6-17 梁下翼缘被拉断

　　试件最终的破坏形态为梁端弯曲破坏，形成塑性铰，下翼缘断裂，波纹钢板下侧出现明显的变形，波纹钢板与下翼缘连接处断裂，梁端混凝土被压碎，塑性铰外混凝土呈剪切裂缝；楼板与梁产生剪切滑移，且楼板以槽钢为中心呈发散式裂缝，柱节点区钢板未屈服且内部混凝土未开裂，如图 6-18 所示。

(a) 节点核心区混凝土未开裂

(b) 塑性铰区混凝土压碎

(c) 楼板开裂及梁下翼缘开裂　　　　　(d) 梁端弯曲破坏，形成塑性铰

图 6-18　试件破坏形态

6.4.2　中节点试件

首先在柱顶施加预定轴向压力，按 50%、100% 逐级加载至 1528.3kN。拧紧地锚并且拧紧水平滑动支座，然后开始水平预加载，水平预加载值为屈服荷载的 10%，预估值为 20kN，当正向推腹到 20kN 时，拧紧柱头水平锚固头，预加载完毕，准备正式加载。在加载初期，试件处于弹性阶段，梁、柱、节点均未发生明显的变化，梁柱连接区均未发生明显的滑移或者变形，荷载-位移曲线呈线性递增。

当试件加载至位移角 1/300（水平位移 12.1mm）时，楼板底部及侧面受拉出现了细微裂缝①，如图 6-19 所示，此时裂缝宽度较小，且随着加载进行，裂缝宽度不断扩大。当继续加载至位移角 1/200（水平位移 12.1mm）时，推腹荷载达到 128.6kN，楼板底部由于梁底部栓钉的剪切作用，楼板底部在靠近梁的位置出现了剪切裂缝②，如图 6-20 所示，且随着循环次数增多，裂缝宽度不断扩大。

图 6-19　楼板侧面裂缝

当试件加载至位移角 1/150（水平位移 18mm）时，推腹荷载达到 148kN，此时左梁下翼缘外侧应变片 44、45 的应变值都为 $2258\mu\varepsilon$，楼板底部剪切裂缝延伸至楼板端部，如图 6-21 所示，并且随着加载进行，裂缝宽度不断延伸扩大。

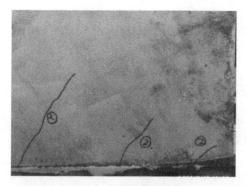

图 6-20　楼板底部裂缝

图 6-21　楼板端部裂缝

当试件正向加载至位移角 1/100（水平位移 27mm）时，荷载值达到 186.9kN，右侧梁下翼缘外侧应变片 34、35、36、37 的应变值分别为 $2600\mu\varepsilon$、$3100\mu\varepsilon$、$4330\mu\varepsilon$、$3200\mu\varepsilon$，均超过屈服应变值，试件正向达到屈服荷载，此时剪切裂缝②扩散至楼板端部，且产生了新裂缝③和④，如图 6-22 所示。当试件负向加载至位移角 1/100（水平位移 27mm）时，荷载值达到 181kN，左侧梁下翼缘外侧应变片 42、43、44、45 的应变值分别为 $2327\mu\varepsilon$、$3050\mu\varepsilon$、$3195\mu\varepsilon$、$3767\mu\varepsilon$，均超过屈服应变值，此时试件负向达到屈服荷载，此时楼板底部的剪切裂缝以及楼板节点域内裂缝宽度不断延伸且部分贯通。

当试件加载至 1/75（水平位移 36mm）时，荷载值达到 205.7kN，右侧梁负弯矩钢筋应变片 54、56 应变值分别达到了 $2500\mu\varepsilon$、$5000\mu\varepsilon$，负弯矩钢筋屈服；当试件第二循环正向加载至 1/75（水平位移 36mm）时，梁上翼缘外侧应变片 60 应变值达到 $3070\mu\varepsilon$，梁左侧上翼缘受拉屈服；当试件第三循环正向加载至 1/75（水平位移 36mm）时，左梁下翼缘出现轻微受压鼓曲，如图 6-23 所示。

图 6-22　楼板底部裂缝扩散

图 6-23　梁下翼缘轻微鼓曲变形

当试件加载至 1/50（水平位移 54mm）时，裂缝范围不断扩大，相继出现了裂缝⑤、⑥、⑦，下翼缘鼓曲相比上一级更加明显，如图 6-24 和图 6-25 所示，此时试件荷载值达到峰值，正负向峰值分别为 210kN、222kN，梁与柱连接处下侧角钢上横向应变片 46 应变值达到 2619με，且随着循环次数增多，裂缝⑤、⑥、⑦的宽度及范围不断扩大。

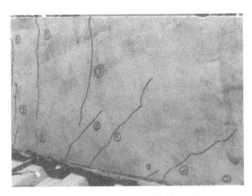

图 6-24　楼板底部裂缝扩散

当试件加载至 1/40（水平位移 67.5mm）时，梁两侧下翼缘鼓曲严重，且端部混凝土开裂脱落，如图 6-26 所示。当试件承载力降至 208kN 时，梁与柱连接处下侧角钢上横向应变片、斜向应变片的应变值分别达到 4868με、2729με。

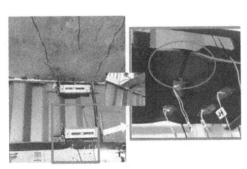

图 6-25　梁下翼缘鼓曲严重　　　　图 6-26　楼板端部混凝土脱落

当试件加载至 1/30（水平位移 90mm）时，右梁下翼缘严重鼓曲，其与波纹侧板连接处开裂，左梁下翼缘严重鼓曲变形，且楼板左右两侧端部混凝土严重开裂脱落，如图 6-27 所示，此时试件承载力急剧下降；当继续加载至 1/25（水平位移 108mm）时，荷载值降到峰值荷载的 85% 以下，试件破坏，试验结束。

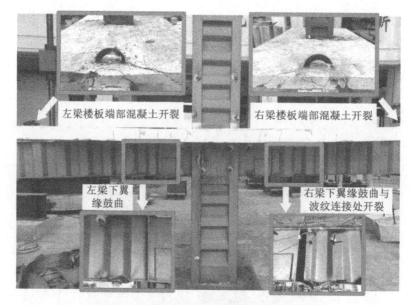

左梁楼板端部混凝土开裂　　　　右梁楼板端部混凝土开裂

左梁下翼
缘鼓曲　　　　　　　　右梁下翼缘鼓曲与
波纹连接处开裂

图 6-27　试件破坏形态

6.5　试验结果分析

6.5.1　滞回曲线与骨架曲线

6.5.1.1　边节点试件

滞回曲线是结构或构件在低周反复荷载作用下的荷载-位移曲线,是研究承载力、刚度、延性、耗能等抗震性能的关键性指标的基础[75]。CSW 边节点的滞回曲线如图 6-28 所示。

（1）在加载初期,CSW 边节点处于线弹性阶段,滞回曲线均呈狭长状,近似重合于一条直线,所包围的面积较小,耗能能力较小,没有明显的残余变形。

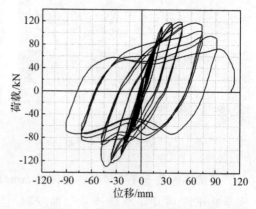

图 6-28　CSW 边节点的滞回曲线

(2)随着循环峰值位移的增大,CSW 边节点进入弹塑性阶段,下翼缘屈服和楼板钢筋屈服,滞回曲线开始弯曲,滞回曲线的峰值荷载逐渐增大,滞回环面积逐渐增大,且愈显饱满,滞回环由梭形向弓形过渡,同时卸载后出现残余变形。

(3)峰值荷载过后,CSW 边节点的下翼缘板和钢筋的屈服范围扩大,在梁端直钢板外侧形成塑性铰,滞回环的面积明显增大,耗能明显增加,滞回曲线由梭形向反"S"形发展;继续加载,梁端塑性铰区域的下翼缘受压严重变形,其与波纹钢板连接处鼓曲开裂,该区域的混凝土被压碎,造成试件负向承载力急剧下降;而试件正向承载力主要取决于梁下翼缘钢材,钢材的延性较好,正向承载力下降缓慢,因此正负向的滞回曲线呈明显不对称。

(4)在同一级的三次循环加载中,由于试件的累积损伤和刚度退化,后一次循环达到的峰值荷载均低于前一次,同时滞回曲线所围成的面积逐步减小。

骨架曲线是通过提取滞回曲线的各级加载中第一次循环的峰值点连成的包络线,能更好反映 CSW 边节点各阶段受力性能、承载力、延性等抗震性能[75-76],CSW 边节点的骨架曲线如图 6-29 所示。在低周往复荷载作用下,CSW 边节点经历了弹性阶段、弹塑性阶段、破坏阶段三个阶段。弹性阶段,试件刚度较大,此时骨架曲线近似为直线;弹塑性阶段,当梁翼缘与负弯矩钢筋屈服,试件逐渐达到屈服点,荷载-位移曲线开始呈明显的非线性;破坏阶段,由于下翼缘鼓曲,下翼缘与波纹侧板连接处撕裂,削弱外包钢板对下翼缘受压区混凝土变形的约束,试件负向承载力下降;试件正向由于楼板参与受压且外包钢对上翼缘受压区混凝土的约束较好,最终破坏为梁下翼缘钢材拉断,延性较好,正向承载力下降缓慢。

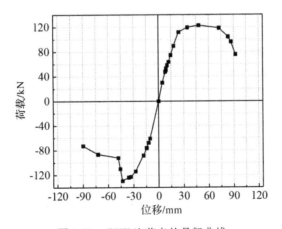

图 6-29　CSW 边节点的骨架曲线

6.5.1.2　中节点试件

CSW中节点的滞回曲线如图6-30所示。总体来看，形状饱满，耗能较好，有一定的捏缩，卸载后有明显的残余变形。

（1）在加载初期，试件处于弹性阶段，滞回曲线的斜率基本不变，滞回环呈狭长的梭形，此阶段试件加载卸载后几乎无残余变形，且滞回环所包围的面积较小即耗能较少。

（2）随着循环位移的增大，下翼缘和楼板钢筋屈服，试件进入弹塑性阶段，滞回曲线斜率开始减小，滞

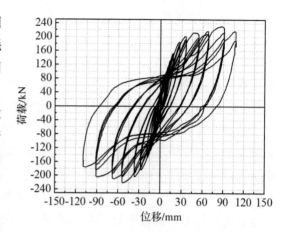

图6-30　CSW中节点的滞回曲线

回环由梭形向反"S"形过渡，滞回环面积逐渐变大且愈显饱满，该阶段试件开始出现了残余变形。同级循环中，下一循环的最大荷载明显小于上一循环的最大荷载且滞回环的面积逐循环减小，表明该节点存在刚度退化及累积损伤。

（3）峰值荷载过后，梁端混凝土开裂，下翼缘板和钢筋的屈服的范围扩大，试件各级循环的承载力缓慢下降，位移值迅速增大，试件的残余变形明显增大，此阶段滞回环所围成面积逐步增大，耗能明显增加。

CSW中节点的骨架曲线如图6-31所示。节点在正向加载和负向加载的过程中，试件从开始加载直到最终破坏，曲线大致分为弹性阶段、弹塑性阶段、破坏阶段三个阶段。

正向加载阶段：在加载初期，试件处于弹性阶段，刚度较大，骨架曲线基本呈直线；当加载位移值达到26.9mm，荷载达到186.9kN时，右梁的下翼缘受拉屈服，楼板开裂严重，试件正向屈服，进入弹塑性阶

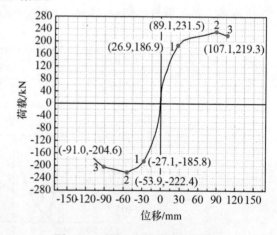

图6-31　CSW中节点的骨架曲线

段，曲线的斜率逐渐减小，试件的刚度开始下降，但是曲线仍缓慢增加；当加载位移

值达到 89.1mm,荷载达到 231.5kN 时,骨架曲线达到峰值,开始下降;当加载位移值达到 107.1mm,荷载达到 219.3kN 时,左侧梁下翼缘受压鼓曲严重,楼板端部混凝土脱落,试件破坏严重。

负向加载阶段:在加载初期,试件处于弹性阶段,刚度较大,骨架曲线基本呈直线;当加载位移值达到 27.1mm,荷载达到 185.8kN 时,由于左侧梁下翼缘板受拉屈服,楼板开裂严重,试件负向屈服,试件进入弹塑性阶段,曲线的斜率快速减小,试件的刚度开始下降,曲线仍有缓慢增加,试件增加的负向刚度继续降低;当加载位移值达到 53.9mm,荷载达到 222.4kN 时,骨架曲线达到峰值荷载,开始下降;当加载位移值达到 91.0mm,荷载达到 204.6kN 时,由于右侧梁下翼缘板与波纹钢板连接处开裂,周围混凝土被压碎,试件的承载力快速下降,荷载值降到峰值荷载的85%,试件破坏。

6.5.2　延性分析

6.5.2.1　边节点试件

(1)延性系数

延性是指反应结构或构件的塑性变形能力,即构件达到弹性极限之后仍能够保持承载力的变形能力,是评价抗震性能的一个重要指标。结构的延性通常采用延性系数 μ_Δ 来衡量,定义为:

$$\mu_\Delta = \frac{\Delta_m}{\Delta_y} \qquad (6\text{-}2)$$

式中,Δ_m 为破坏荷载对应位移,破坏荷载值为骨架曲线下降段峰值荷载 85% 对应的值;Δ_y 为屈服位移,屈服位移为骨架曲线屈服点所对应的荷载值,屈服点由等量法确定[76]。

试件的延性系数达到了 2.45。其中试件负向加载时,由于下翼缘鼓曲,其与波纹钢侧板连接处断裂,造成外包钢对于周围混凝土约束降低,导致试件负向延性一般,延性系数略低于正向。可采取相应构造措施如加大下翼缘板厚、确保此处焊缝质量等,来进一步提高试件的延性。

(2)延性系数分析

CSW 边节点的延性系数见表 6-4。试件正向延性系数大于 3,具有良好的延性,负向延性系数相比正向延性系数有所降低,但是仍然大于 2,主要原因是负向加载时,梁负弯矩钢筋以及楼板有效宽度内纵筋和上翼缘共同参与受拉,使得梁端下翼缘受压鼓曲,翼缘与波纹钢板焊缝处开裂,从而造成外包钢材对周围混凝土的约束降低,周围混凝土被压碎并脱落,负承载力下降较快。

表 6-4　CSW 边节点的延性系数

试件	方向	P_y/kN	Δ_y/mm	P_m/kN	Δ_m/mm	μ_Δ	μ_Δ 均值
CSW 边节点	正向	112.59	25.72	104.47	83.24	3.24	2.45
	负向	113.94	27.82	109.91	45.77	1.65	

6.5.2.2　中节点试件

CSW 中节点的延性系数采用 6.5.2.1 节所用的计算方法,得到的延性系数见表 6-5。节点正负向延性系数均大于 3,延性系数均值达到了 3.67,延性较好。

表 6-5　CSW 中节点的延性系数

试件	方向	P_y/kN	Δ_y/mm	P_u/kN	Δ_u/mm	P_y/kN	Δ_y/mm	μ_Δ	μ_Δ 均值
CSW	正向	186.9	26.9	231.5	89.1	219.3	107.1	3.24	3.67
中节点	负向	185.8	27.1	222.4	83.9	204.6	91.0	3.36	

6.5.3　耗能能力

6.5.3.1　边节点试件

(1)等效黏滞阻尼系数

耗能性能也是结构抗震分析中的一个重要指标,试件吸收和耗散能量的能力用荷载-位移滞回曲线所包围的面积来衡量。位移轴与加载曲线所围成的面积表示试件耗散能量的大小,位移轴与卸载曲线所围成的面积表示试件释放能量的大小。一般用等效黏滞阻尼系数 h_e 来衡量试件的耗能能力,由图 6-32 可知,$S_{(ABC+CDA)}$ 为滞回环的面积,$S_{(OBE+ODF)}$ 为滞回曲线峰值点与 X 轴所围成三角形的面积,h_e 按照公式(6-3)进行计算[76]:

$$h_e = \frac{1}{2\pi} \cdot \frac{S_{(ABC+CDA)}}{S_{(OBE+ODF)}} \tag{6-3}$$

该 CSW 边节点各循环下等效黏滞阻尼系数与循环数的关系,如图 6-33 所示。CSW 边节点屈服之前,等效黏滞阻尼系数小于 0.1,此时试件的钢材和混凝土均处于弹性阶段,耗能能力较差;随着循环次数的增加,试件的层间位移角幅值达到 1/100,试件梁翼缘和钢筋屈服,塑性铰周围混凝土开裂,试件耗能能力增加,等效黏滞阻尼系数 h_e 逐渐增大。由于累计损伤和刚度退化,试件在同一位移角的循环加载过程中,随着循环次数的增加,等效黏滞阻尼系数 h_e 逐步降低。试件最终破坏时的等效黏滞阻尼系数 h_e 达到 0.443,大于相同配钢率的钢筋混凝土节点的等效黏滞阻尼系数,表明 CSW 边节点耗能能力优于钢筋混凝土节点。

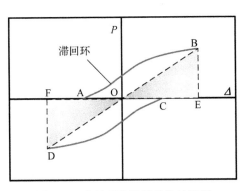

图 6-32　等效黏滞阻尼系数计算图

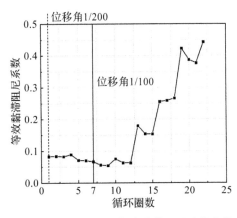

图 6-33　循环圈数与等效黏滞阻尼系数曲线

（2）各循环耗能能力

CSW 边节点的耗能能力是依据各循环下滞回环所包围的面积来衡量，试件各循环下耗能数，如图 6-34 所示。在层间位移角幅值达到 1/100 之前，试件处于弹性阶段，试件滞回曲线所围成的面积较小，试件耗能能力较小；随着加载进行，试件的层间位移角幅值超过 1/100 后，CSW 边节点在梁端形成塑性铰，塑性铰区周围钢材和负弯矩钢筋屈服，周围混凝土开裂，试件的滞回曲线所围成面积逐渐增大且饱满，试件的耗能能力逐步增强，各循环

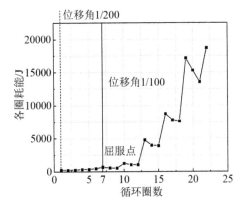

图 6-34　循环圈数与各圈耗能曲线

圈数下的耗能数开始迅速增加，由于试件的累积损伤和刚度退化，试件在同一位移角的循环加载过程中，随着循环次数的增加，峰值荷载逐步降低，滞回曲线所围成的面积逐步减小，试件的耗能数逐步减小。

6.5.3.2　中节点试件

通过 6.5.3.1 所介绍的方法可以得到 CSW 中节点的等效黏滞阻尼系数与循环圈数和各圈的耗能与循环圈数的关系，如图 6-35 和 6-36 所示。由图 6-35 可知，试件屈服之后，随着循环次数的增加，等效黏滞阻尼系数逐渐增大，表明试件塑性耗能能力增加，节点试件达到极限状态时，等效黏滞阻尼系数达到 0.265，大于同等配钢率的钢筋混凝土节点的等效黏滞阻尼系数，即耗能能力优于钢筋混凝土节点。由图 6-36 可知，加载初期，试件处于弹性阶段，试件滞回曲线所围成的面积较小,试件耗能能力较小,随着加载进行,试件的循环圈数达到 18 圈,层间位移角达到 1/100,试件屈服,此时滞回曲线逐渐饱满,试件的耗能能力逐步增强。同一加载级下,由于承载力退化,试件的耗能能力随着循环次数的增多而略有下降。

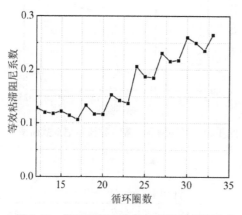

图 6-35　循环圈数与等效黏滞阻尼系数曲线

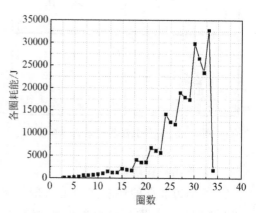

图 6-36　循环圈数与各圈耗能曲线

6.5.4　应变分析

6.5.4.1　边节点试件

(1)节点核心区应变分析

CSW 边节点柱的节点核心区钢材在各受力阶段的主拉应变及方向如图 6-37 所示。节点核心区钢材应变值在屈服、峰值以及破坏三个阶段均未达到钢材的屈服应变值 $2086\mu\varepsilon$,主应变方向始终在 $60°$ 左右,主应变方向未发生较大变化。试验结束,节点核心区混凝土未出现明显裂缝,如图 6-37(a)所示。在整个加载过程中,试件节点核心区所受剪力较小,破坏只发生在梁端,满足抗震设计中"强节点,弱构件"的设计要求。

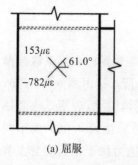

(a) 屈服

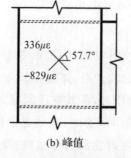

(b) 峰值

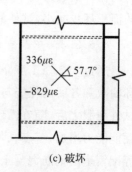

(c) 破坏

图 6-37　节点核心区钢材在各受力阶段的主拉应变及方向

(2)梁钢材和钢筋应变分析

为研究 CSW 边节点梁端钢材的应变情况,分别在梁上翼缘、梁下翼缘以及负弯矩钢筋上布置应变片,梁上翼缘在距柱端150mm、300mm 的位置分别布置应变片 17、应变片 18,梁下翼缘在距离梁端75mm、150mm、300mm 的位置以沿梁中心线对称布置两排应变片分别为应变片 51、应变片 52、应变片 53、应变片 54、应变片 55、应变片 56,梁每根负弯矩钢筋在距梁端150mm、300mm 的位置从左到右依次布置应变片 61~65、应变片 66~70,详细应变片布置位置,如图 6-38 所示。

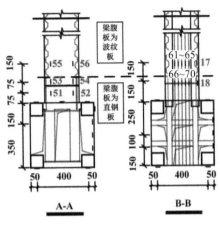

图 6-38 钢材与钢筋应变片位置图与编号

图 6-39~图 6-41 分别为梁上翼缘、梁下翼缘、梁负弯矩钢筋等钢材的位移-应变曲线。由图可知,随着位移幅值的增大,梁钢材的应变值逐步增大。加载初期,CSW边节点处于弹性阶段,梁钢材的应变值较小;当位移幅值达到 18mm(层间位移角为1/200)时,梁下翼缘应变片 54、55、56 达到屈服应变 2585με,梁下翼缘屈服,但梁屈服范围较小,试件仍未屈服;继续加载至位移幅值为 36mm(层间位移角为 1/100)左右时,梁负弯矩钢筋的应变值达到 2643με,梁负弯矩钢筋屈服,并且此时梁下翼缘屈服范围开始扩大,试件屈服,继续加载;当位移幅值达到 49mm(层间位移角为 1/75)左右时,梁负弯矩钢筋出现大范围屈服,梁上翼缘达到屈服应变 2585με,梁上翼缘屈服。

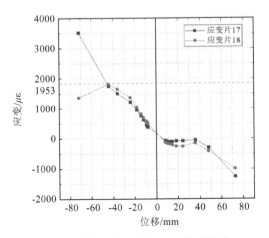

图 6-39 梁上翼缘钢材应变-位移曲线

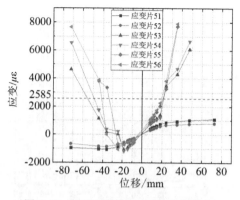

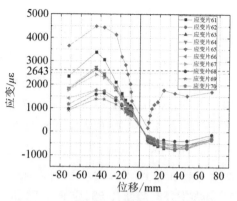

图 6-40　梁下翼缘钢材应变-位移曲线　　图 6-41　梁负弯矩钢筋应变-位移曲线

　　以梁腹板钢材的类型为分界线,在同一位移幅值的前提下,梁为直钢板一侧的应变值小于梁为波纹钢板一侧应变值,主要原因是 CSW 边节点梁端弯曲破坏,形成塑性铰,而塑性铰在 0.5~0.8 梁高范围内(梁腹板类型分界线靠近波纹钢板一侧),靠近塑性铰处的钢材屈服较早,应变值较大,靠近柱一侧钢材几乎未屈服,应变值较小,这也表明该 CSW 边节点梁端连接可靠,节点构造设计安全、合理。

6.5.4.2　中节点试件

（1）梁下翼缘应变

　　CSW 中节点沿梁方向布置三排应变片,距离柱边分别为 130mm、240mm、350mm,其中将三排应变片以梁腹板钢材的类型为分界线,分为两个区域,分别为左右梁距柱边 240mm、350mm 的区域 a 以及靠近柱边 130mm 的区域 b,如图 6-42 所示。

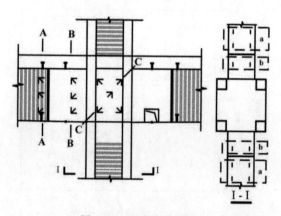

图 6-42　测点布置示意

梁下翼缘三排应变片分布及应变大小，如图 6-43 所示。由图可知，随着位移幅值的增大，区域 a 和区域 b 钢材的应变值逐步增大。加载初期，CSW 边节点处于弹性阶段，梁钢材的应变值较小，当位移幅值达到 36mm（层间位移角为 1/100）时，区域 a 的应变片应变值超过屈服应变 2257.8$\mu\varepsilon$，区域 a 的左右梁下翼缘钢板屈服，试件屈服；区域 b 应变片始终未达到屈服应变即钢材未屈服，实现了塑性铰的外移。

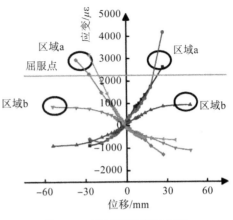

图 6-43　梁下翼缘应变分布

（2）节点域剪切应变

CSW 中节点根据节点域内包括梁端理想塑性铰区 A-A 截面、梁柱交界面 B-B 截面及节点核心区斜向 C-C 截面的应变花得到的剪切主应变分布状况，如图所示。由图 6-44 可知，上述三个区域内钢材的剪切应变均小于钢材的屈服应变，结果表明：①柱节点核心区未破坏；②CSW 中节点在低周往复荷载作用下所受剪力较小，即最终破坏为梁端受弯破坏，形成塑性铰。由图 6-44(a)可知，梁端理想塑性铰区 A-A 截面剪切应变值大于梁柱交界面 B-B 截面的应变值，表明梁端剪切变形较大。由图 6-44(b)可知，节点核心区斜向 C-C 截面的三组应变花得到的剪切主应变分布均匀，表明 CSW 中节点核心区剪力传递较好。

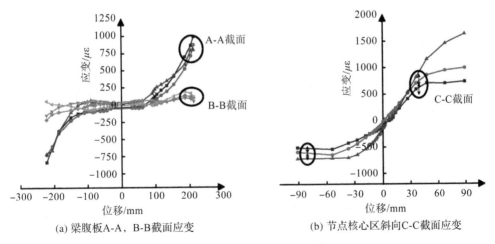

(a) 梁腹板 A-A，B-B 截面应变　　　　(b) 节点核心区斜向 C-C 截面应变

图 6-44　节点域内剪切应变分布图

6.5.5 试件的变形组分分析

CSW 节点在往复荷载作用下的层间位移由柱变形引起的层间位移 Δ_c、梁变形引起的层间位移 Δ_b 以及节点剪切变形 Δ_j 引起的层间位移组成，各部分变形与其产生层间位移角的几何关系如图 6-45 所示[77]。由试验结果可知，试件最终破坏为梁端弯曲破坏，柱在加载过程中处于弹性阶段，因此 Δ_c 可通过弹性计算方法得到，且不考虑柱的剪切变形[78]。Δ_b 由梁弹性变形引起的层间位移 Δ_{be} 以及塑性铰区弹塑性转角引起的 Δ_{bp} 组成，其中 Δ_b 可由弹性方法计算得到，且将混凝土弹性模量乘以 0.85 进行折减来考虑混凝土开裂的影响，而 Δ_{bp} 可由位移计 $2^\#$、$3^\#$（边节点）或 $2^\#$、$3^\#$、$4^\#$、$5^\#$（中节点）的伸缩量求得[78]。

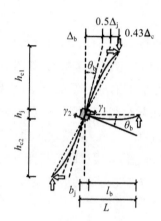

图 6-45 节点整体变形示意

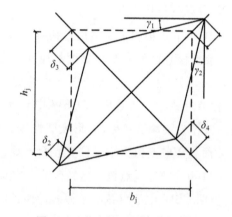

图 6-46 节点核心剪切变形示意

节点核心剪切变形示意图如图 6-46 所示，通过节点区剪切变形的几何关系及节点核心区对角线位移计 $4^\#$ 和 $5^\#$（边节点）或 $6^\#$ 和 $7^\#$（中节点）的变形量，利用公式(6-4)得到节点核心区剪切变形角。假设 $\gamma_1 = \gamma_2$，由图 6-45 的几何关系，根据公式(6-5)求得节点核心区剪切变形所产生的位移[78]：

$$\gamma_j = \gamma_1 + \gamma_2 = \frac{\sqrt{h_j^2 + b_j^2}}{h_j b_j} \cdot \frac{\delta_1 + \delta_2 + \delta_3 + \delta_4}{2} \tag{6-4}$$

$$\Delta_j = H\left(\gamma_1 \frac{L - b_j}{L} + \gamma_2 \frac{H - h_j}{H}\right) = 0.5\gamma H\left(2 - \frac{b_j}{L} - \frac{h_j}{H}\right) \tag{6-5}$$

式中，h_j 和 b_j 分别为节点区的高度和宽度；δ_1、δ_2、δ_3、δ_4 分别为节点核心区对角线的伸长量和压缩量；H 为柱反弯点间距离；L 为梁反弯点间距离；h_j 为节点截面高度；b_j 为节点截面宽度。

通过上述计算方法及试验数据可得到各变形成分引起的层间位移,如图 6-47 所示。加载初期,各变形成分引起的层间位移较小。随着层间位移角幅值的增加,柱顶推覆荷载先增大后减小,Δ_{be} 和 Δ_c 先增大后减小。Δ_{bp} 和 Δ_j 随着层间位移角幅值的增加而增大。由于试件破坏为梁端弯曲破坏,柱始终处于弹性,Δ_c 和 Δ_j 较小。层间位移角 1/200 之后,梁端塑性铰的形成与发展,使得 Δ_{bp} 的增长速度随着层间位移角幅值的增加而不断增快。

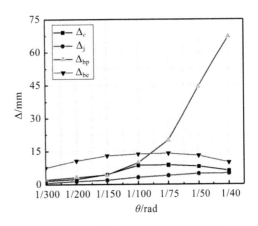

图 6-47　各变形成分引起的层间位移

各变形成分对层间位移的贡献如图 6-48 所示。试件为梁端弯曲破坏,Δ_{bp} 为层间位移的主要组成部分。梁下翼缘屈服以前(层间位移角小于 1/200),Δ_{be} 和 Δ_c 对层间位移的贡献较大,总占比超过 73%,随位移幅值增加,两者总占比逐步减小,当位移达到 92mm(层间位移角为 1/40 时),该比例降到 20% 以下。层间位移角为 1/200 时,Δ_{bp} 占比为

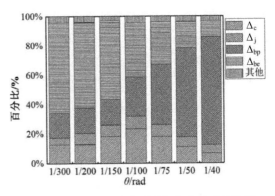

图 6-48　各种变形成分对层间位移的贡献比例

23.5%,随着梁端塑性铰的形成与发展,Δ_{bp} 的占比逐步增大,当层间位移角达到 1/40 时,Δ_{bp} 的占比到 61.5%。由于加载过程中,试件节点区均未发生破坏,因此节点剪切引起的层间位移 Δ_j 占比较小,且未超过 10%。

6.6　有限元分析

本书试验研究参数有限,为进一步研究不同参数下 CSW 节点的抗震性能,本节首先采用有限元软件 ABAQUS 建立 CSW 节点数值模型,并详细介绍有限元模型建模过程,然后通过将有限元结果与 6.5 节试验结果进行对比分析,验证有限元

模型可靠，最后以轴压比、下翼缘板厚度、梁波纹钢板厚度为参数，对 CSW 节点的破坏模态、承载力、刚度、耗能等抗震性能进行分析。此外，本书还通过改变梁上、下翼缘钢板厚度以及梁波纹钢板厚度来改变梁柱线刚度比，探究梁柱线刚度比对于 CSW 节点破坏模态、承载力的影响。

6.6.1 有限元建模

有限元模型的部件包括钢管、钢管内混凝土、柱波纹钢板、核心混凝土、柱端板、直钢板、角钢、梁波纹钢板、梁混凝土、加载板、楼板钢筋、负弯矩钢筋等。其中，钢管、柱波纹钢板、柱波纹钢板、直钢板、角钢采用壳单元 S4R 模拟，钢管内混凝土、核心混凝土、梁混凝土、柱端板、加载板、槽钢采用实体单元 C3D8R，负弯矩钢筋、楼板钢筋均采用 T3D2 三维桁架单元。考虑到梁上翼缘栓钉的主要作用是增强楼板与梁黏结性，试验结果表明楼板与梁的连接效果较好，因此本章将栓钉做简化省去处理。

网格划分密度是一个影响有限元计算精度的非常重要的因素。因为如果网格划分过于粗糙，可能会导致计算结果精度降低甚至出现严重的错误；如果网格划分过密，则将浪费计算机资源，且容易造成过约束等。经过大量有限元试验，在保证有限元模型计算准确、运算速度快和模型收敛性的前提下，对 CSW 节点模型进行网格划分，网格尺寸为 30mm，梁端进行网格细化，网格尺寸为 20mm，考虑到柱端板、加载板对模拟影响较小，因此将柱端板、加载板的网格尺寸设为 50mm。有限元模型如图 6-49 所示。

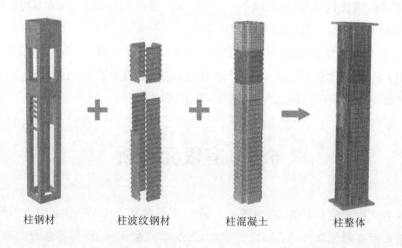

柱钢材　　　　柱波纹钢材　　　　柱混凝土　　　　柱整体

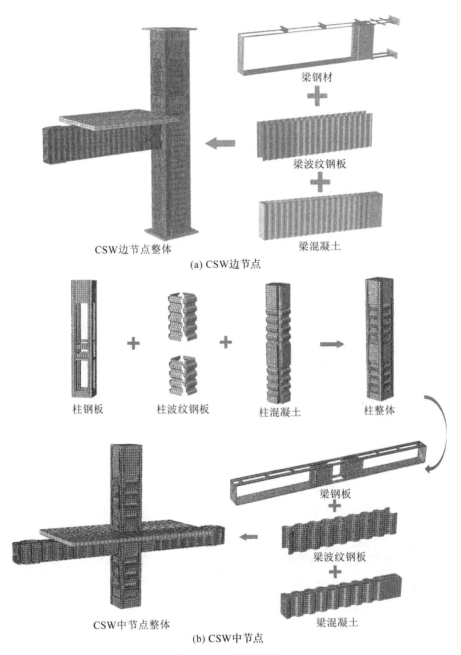

CSW边节点整体

梁钢材

梁波纹钢板

梁混凝土

(a) CSW边节点

柱钢板　柱波纹钢板　柱混凝土　柱整体

CSW中节点整体

梁钢板

梁波纹钢板

梁混凝土

(b) CSW中节点

图 6-49　有限元模型

CSW 节点接触关系包括柱钢材之间接触关系、柱钢材与柱混凝土之间的接触关系、梁钢材之间的接触关系、梁钢材与梁混凝土之间的关系、楼板混凝土与梁柱之间的接触关系、楼板钢筋和负弯矩钢筋与混凝土之间的接触。柱钢材、梁钢材、楼板混凝土与梁柱混凝土之间采用绑定约束，梁负弯矩钢筋、楼板纵筋、楼板箍筋、上翼缘槽钢采用固嵌方式嵌入混凝土中，梁翼缘与梁波纹钢板组成的钢骨架与混凝土之间以及钢管与波纹钢板构成的骨架与混凝土之间的相互作用采用表面与表面接触接触模拟，法向采用硬接触，切向采用库仑摩擦模型，其中接触面方向包含切向与法向。方勇[79]利用有限元软件 ABAQUS 探究了不同摩擦系数对波纹钢管与混凝土相互作用的影响，研究结果表明影响两者相互作用的主要因素是两者间的机械咬合力，而非摩擦阻力。Baltay 等[66]对钢材与混凝土之间的界面摩擦性能进行了研究，认为摩擦系数的合理取值范围在 0.2～0.6。Schneider 等[80]建议钢管与混凝土之间摩擦系数取 0.25。本节钢管、直钢板、波纹钢板与混凝土的接触面法线方向采用硬接触，接触面切线方向采用库仑摩擦模型，摩擦系数取为 0.25，此时有限元结果与试验结果拟合较好。

为较好地模拟 CSW 节点试验中的加载方式，在柱上、下两端加载板设置两个参考点 RP-1、RP-2，参考点连线与柱中轴线重合，在上柱侧面设置水平加载板，加载板中心设参考点 RP-2，在梁端上下加载板分割出垂直于梁方向参考线 L1、L2。对于边节点，加载分为两步。第一步：柱顶施加轴压，轴向荷载加在上端参考点 RP-1 上，此时限定柱上端参考点除加载方向所有的平动及转动自由度（UX＝UY＝0，URX＝URY＝URZ＝0），限定柱底所有的平动自由度及转动自由度（UX＝UY＝UZ＝0，URX＝URY＝URZ＝0），梁端上下加载板的参考线 L1、L2 不施加约束。第二步：柱侧板上的 RP-3 施加水平往复荷载（采用位移加载的方式，加载制度见图 6-10），此时柱顶第一步施加的轴压保持恒定，释放参考点 RP-1 绕 X 方向的转动自由度（UX＝UY＝0，URY＝URZ＝0），参考点 RP-2 同样释放 X 方向的转动自由度（UX＝UY＝UZ＝0，URY＝URZ＝0），限定梁端上下加载板的参考线 L1、L2 的 X、Z 方向的平动自由度以及绕 Z、Y 方向的转动自由度（UX＝UZ＝0，URY＝URZ＝0），如图 6-50(a)所示。对于中节点，进行单调加载与循环加载两种加载方式的模拟，其边界条件与加载方式与边节点一致，如图 6-50(b)所示。

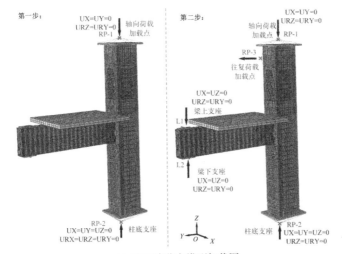

(a) CSW边节点模型加载图

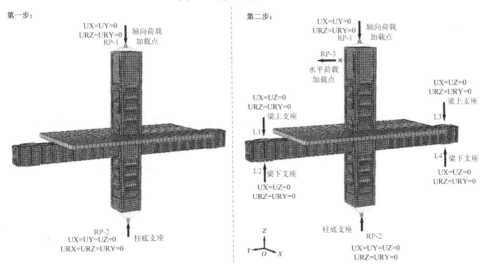

(b) CSW中节点模型加载图

图 6-50　CSW 节点边界条件与加载方式

6.6.2　本构模型选用

6.6.2.1　混凝土本构

在 ABABQUS 软件建模中,混凝土采用塑性损伤模型(简称 CDP 模型)来模拟,针对混凝土应力-应变曲线,本章采用《混凝土结构设计规范》(GB 50010—2010)[62]推荐公式。

　　混凝土塑性损伤模型在低周往复荷载作用下还需要考虑损伤对于模型的影响,因此需要引入混凝土损伤因子,本章采用 Sidoroff 根据能量等价原理提出的混凝土损伤因子计算方法[81],见公式(6-6)～公式(6-12),得到的混凝土塑性损伤模型应力-应变关系曲线如图 6-51 所示,模型的刚度恢复系数 w_t 和 w_c 取默认值 $w_t = 0, w_c = 1$。

$$d = 1 - \sqrt{\frac{\sigma}{(E_0 \varepsilon)}} \tag{6-6}$$

$$\varepsilon_c^{in} = \varepsilon_c - \varepsilon_{0c}^{el} \tag{6-7}$$

$$\varepsilon_{0c}^{el} = \frac{\sigma_c}{E_0} \tag{6-8}$$

$$\varepsilon_c^{pl} = \varepsilon_c^{in} - \frac{d}{(1-d)} \frac{\sigma_c}{E_0} \tag{6-9}$$

$$\varepsilon_t^{ck} = \varepsilon_t - \varepsilon_{0t}^{el} \tag{6-10}$$

$$\varepsilon_{0t}^{el} = \frac{\sigma_t}{E_0} \tag{6-11}$$

$$\varepsilon_t^{pl} = \varepsilon_t^{ck} - \frac{d}{(1-d)} \frac{\sigma_t}{E_0} \tag{6-12}$$

式中,d 为混凝土损伤因子;σ 为混凝土真实应力;ε 为混凝土应变;E_0 为混凝土初始弹性模量;ε_c^{in} 为受压非弹性应变(ABAQUS 输入的应变);ε_c 为真实受压应变(应力-应变曲线所对应的应变);ε_{0c}^{el} 为初始刚度下的受压弹性应变;ε_c^{pl} 为受压塑性应变;ε_t^{ck} 为受拉非弹性应变(ABAQUS 输入的应变);ε_t 为真实受拉应变(应力-应变曲线所对应的应变);ε_{0t}^{el} 为初始刚度下的受拉弹性应变;ε_t^{pl} 为受压塑性应变。

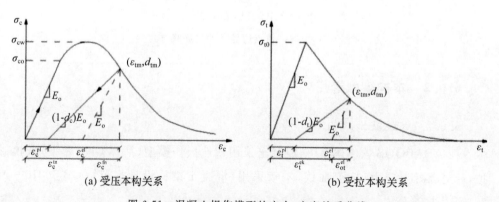

(a) 受压本构关系　　　　　　　(b) 受拉本构关系

图 6-51　混凝土损伤模型的应力-应变关系曲线

对于单调加载的中节点模型未引入损伤因子。

此外,ABAQUS 软件中混凝土的塑性损伤模型还包括膨胀角 ψ、流动势偏移度 ε、混凝土双轴抗压强度与单轴抗压强度之比 f_{bo}/f_c'、屈服面形状参数 k_c 以及黏性参数 μ 等参数。

膨胀角 ψ 是有限元软件 ABAQUS 混凝土塑性损伤模型中用来控制混凝土塑性体积应变大小的重要参数,膨胀角 ψ 越大,在轴向荷载作用下混凝土塑性体积应变越大,钢管对混凝土产生的约束力越强。因此,选取合理的膨胀角 ψ 对增加模型计算精度是十分必要的。柴彦凯[82]研究表明,膨胀角 ψ 建议取值范围为 $0°\sim56°$,本章 CSW 节点模型的膨胀角 ψ 取为 $30°$。

流动势偏移度 ε,一般来说是一个较小的正数,它描述了双曲流动势曲线与其渐近线之间的关系。当 ε 接近于零时,流动势曲线呈线性变化。本章 CSW 节点模型采用 ABAQUS 软件中默认值 0.1。

混凝土双轴抗压强度与单轴抗压强度之比 f_{bo}/f_c' 采用 ABAQUS 软件中的默认值 1.16。

Wang 等[21]探究了不同屈服面形状系数 K_c 对方钢管混凝土柱荷载-纵向应变曲线的影响,研究表明屈服面形状参数 K_c 对模型的弹性阶段无明显影响。进入弹塑性阶段以后,随着屈服面形状参数 K_c 的减小,承载力与峰值应变均有轻微的增加。峰值荷载后,随着屈服面形状参数 K_c 的减小,荷载-纵向应变曲线的下降段趋于平缓。因此,选取合理屈服面形状参数 K_c 对增加模型计算精度至关重要。本章采用 Wang 等[21]建议的计算公式对屈服面形状系数 K_c 进行取值:

$$K_c = \frac{5.5}{5+2(f_c')^{0.075}} \tag{6-13}$$

在有限元分析软件 ABAQUS 隐性分析程序中,当混凝土出现软化或刚度弱化时,导致模型计算难以收敛,而通过调整黏性参数 μ 的大小在一定程度上可以解决该类问题。通常来说,黏性参数 μ 越大,模型计算越容易收敛,极限承载力越高,下降段越平缓,但同时也会导致模型的计算精度降低,计算刚度偏大。对计算精度和模型的收敛性综合考虑,本章采用 ABAQUS 软件中的默认值 0.0005。

6.6.2.2　钢材本构

在有限元软件 ABAQUS 中,根据不同强化准则又可以分为 Isotropic(各向同性强化模型)、Kinematic(随动强化模型)、Multilinear-Kinematic(多线性随动强化

模型)、Combined(混合强化模型)。各向同性强化模型一般不能反映 Bauschinger(包辛格效应,即金属材料在往复加载过程中进入强化阶段后反向加载过程中出现塑性软化的现象),适用于单调加载过程[83]。为更好地模拟钢材在往复荷载下的真实应力-应变关系,本章采用 ABAQUS 软件中的 Combined,即混合强化模型。Combined 模型主要由初始屈服强度 $\sigma|_0$、随动强化参数 C、随动强化参数 γ、等向强化参数 Q、等向强化参数 b 等参数进行控制,各参数计算方法如公式(6-14)~公式(6-19)所示[84]。将根据计算方法得到的数据输入 ABAQUS 中,其中,屈服强度、弹性模量、泊松比均采用实测值。

$$\text{初始屈服强度 } \sigma|_0 = 0.85 f_y (f_y \text{ 为钢材屈服强度}) \tag{6-14}$$

$$\text{最大承载强度 } f_{yu} = 2.1 f_y \tag{6-15}$$

$$\text{随动强化参数 } C = 0.002E (E \text{ 钢材弹性模量}) \tag{6-16}$$

$$\text{随动强化参数 } \gamma = C/[(f_{yu} - \sigma|_0)M] (M \text{ 是随动强化比例系数,取 } 0.5) \tag{6-17}$$

$$\text{等向强化参数 } Q = (f_{yu} - \sigma|_0) \times (1-M) \tag{6-18}$$

$$\text{等向强化参数 } b = 0.5C/Q \tag{6-19}$$

对于单调加载的中节点模型,钢材选用各向同性弹塑性模型,应力应变关系采用理想弹塑性模型,其本构关系见公式(6-20):

$$\sigma = \begin{cases} E_s \varepsilon, \varepsilon \leqslant \varepsilon_y \\ f_y, \varepsilon > \varepsilon_y \end{cases} \tag{6-20}$$

6.6.3 有限元模型验证

6.6.3.1 CSW 边节点

采用上述有限元参数设定,利用 ABAQUS 软件对 CSW 边节点进行模拟,有限元模型最终破坏模态与试验破坏模态的对比如图 6-52 所示。由于有限元接触设置时,梁波纹钢板与下翼缘采用"绑定"的约束,有限元未能模拟出梁下翼缘与波纹钢板连接处开裂的现象,可以通过钢材的 Miess 应力云图确定应力和变形较大的位置在梁端下翼缘钢板和波纹钢板,该处 Miess 应力达到了 461MPa,超过波纹钢板屈服强度 435.3MPa 和梁下翼缘钢板的屈服强度 402.3MPa。此外,鉴于 ABAQUS 对于混凝土压溃、开裂等现象较难模拟[85],可以通过混凝土等效塑性应变(PEEQ)云图确定混凝土破坏的位置,由图 6-52(b)可知,混凝土在梁端的等效塑性应变值较大,应变值达到了 0.33。总体来看,有限元模型的破坏模态与试验结果吻合较好。

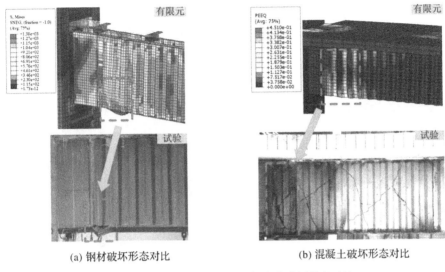

(a) 钢材破坏形态对比　　　　　　(b) 混凝土破坏形态对比

图 6-52　CSW 边节点有限元与试验破坏模态对比

对于 CSW 边节点,有限元模型计算得到的滞回曲线、骨架曲线与试件的试验值吻合较好,但承载力和刚度要略高于试验结果,如图 6-53 所示。分析其主要原因:①钢材和混凝土在往复荷载下材料的实际受力特性与有限元中材料的本构关系有一定的差异;②有限元分析过程中未考虑试件加工初始缺陷、残余应力等因素的影响。

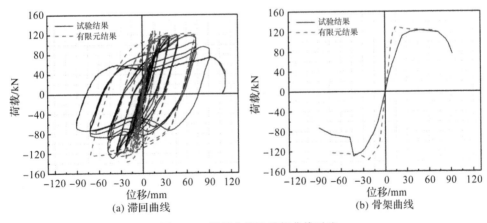

(a) 滞回曲线　　　　　　　　　　(b) 骨架曲线

图 6-53　滞回曲线和骨架曲线对比

6.6.3.2　CSW 中节点

本节利用 ABAQUS 软件对 CSW 中节点进行单调加载和循环加载两种加载方式模拟,有限元破坏模态与试验破坏模态的对比分别如图 6-54 和图 6-55 所示。

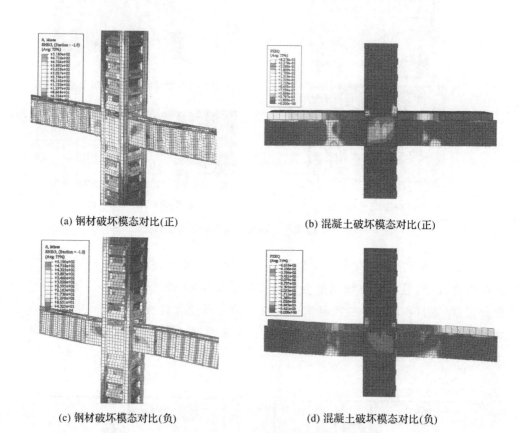

(a) 钢材破坏模态对比(正)　　　　　　(b) 混凝土破坏模态对比(正)

(c) 钢材破坏模态对比(负)　　　　　　(d) 混凝土破坏模态对比(负)

图 6-54　单调加载破坏模态对比

由图 6-54(a)和 6-54(b)可知,CSW 中节点有限元模型在单调加载过程中,正向加载达到 108mm 时,模型最终破坏在梁端,左梁端上翼缘受拉 Mises 应力值达到 518.9MPa,下翼缘钢板受压鼓曲变形,周围混凝土受压破坏,混凝土等效塑性应变值达到了 0.082,此时右梁端下翼缘受拉屈服,周围波纹钢板鼓曲变形,Mises 应力值超过了 432.4MPa;节点有限元模型负向加载达到 108mm 时,模型最终破坏在梁端,右梁上翼缘受拉 Mises 应力值达到 519.0MPa,下翼缘钢板受压鼓曲变形,周围混凝土受压破坏,混凝土等效塑性应变值达到了 0.027,此时左梁下翼缘受拉屈服,周围波纹钢板鼓曲变形,Mises 应力值超过了 432.5MPa。

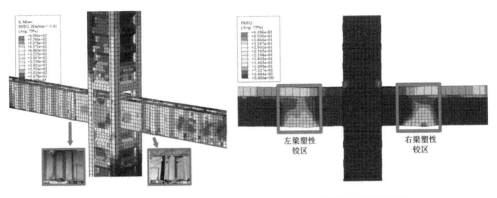

(a) 钢材破坏模态对比　　　　　　　(b) 混凝土破坏模态对比

图 6-55　循环加载破坏模态对比

由图 6-55 可知,在循环荷载作用下,当水平位移加载至 108mm(层间位移角幅值达到 1/25)时,CSW 中节点有限元模型最终的破坏位置在梁端,此处梁下翼缘及周围波纹钢板的 Mises 应力值较大,其中波纹钢板 Mises 应力值达到 609.4MPa,超过了波纹钢板的极限强度,此外梁端混凝土的变形较大,等效塑性应变值达到了0.43,循环荷载作用下的有限模型破坏模态吻合较好。

CSW 中节点有限元模型循环加载荷载-位移曲线与试验骨架曲线对比如图 6-56 所示。相比于试验滞回曲线,有限元模拟结果滞回曲线更加饱满,捏缩效果一般。此外,负向荷载-位移曲线的下降段不明显,分析其主要原因:①试验加载过程中各个支座并非理想的铰连接,会存在一定的滑移;②屈服之后,梁钢材与混凝土存在一定滑移,有限元较难拟合好;③破坏阶段,有限元较难模拟出梁下翼缘钢材与波

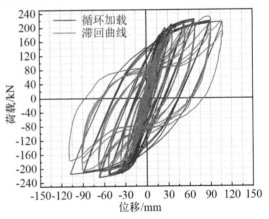

图 6-56　循环加载荷载-位移曲线对比

纹钢板连接处开裂,且周围混凝被压碎脱落等情况;④试件在加工过程中会存在初始误差和几何缺陷。总体而言,有限元模型的荷载-位移曲线与试验滞回曲线的吻合度较高。CSW 中节点有限元模型单调加载荷载-位移曲线与试验骨架曲线对比如图 6-57 所示。由于有限元接触设置时,梁波纹钢板与下翼缘采用"绑定"的约束,有限元未能模拟出梁下翼缘与波纹钢板连接处开裂的现象,因此负向加载时,

右梁的刚度和承载力比试验值略大。总体来看，有限元单调加载与试验骨架曲线总体拟合较好，误差较小。

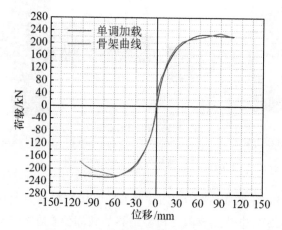

图 6-57 单调加载荷载-位移曲线对比

6.6.4 CSW 边节点参数分析

本节在验证有限元结果与试验结果拟合较好的基础上，利用有限元软件 ABAQUS 研究轴压比、下翼缘板厚度、梁波纹钢板厚度等参数对 CSW 边节点滞回曲线、骨架曲线、承载力等抗震性能的影响。此外，通过改变上、下翼缘厚度、梁波纹钢板厚度等来改变梁柱线刚度比，进而研究梁柱线刚度比对破坏模态以及承载力的影响。

6.6.4.1 轴压比

本节以拟合较好的有限元模型为基准，在其他参数保持不变的前提下，探究不同柱轴压比对 CSW 边节点的滞回曲线、骨架曲线、承载力影响，轴压比值如表 6-6 所示。

表 6-6 CSW 边节点在不同轴压比下的承载力

试件	轴压比	正向承载力/kN	负向承载力/kN
BC-1	0.4	129.6	137.0
BC-2	0.6	136.4	142.0
BC-3	0.8	138.8	144.3

不同轴压比下 CSW 边节点的承载力见表 6-6。随着轴压比的增大，节点正负向承载力有一定提高，但提高的幅度较小；由于楼板的组合作用，各节点的负向承载力要略大于负向承载力。

不同轴压比下 CSW 边节点的滞回曲线如图 6-58(a)所示。由图可知,在加载初期,各节点处于弹性阶段,滞回曲线近似呈直线,此阶段各试件耗能较少;随着加载进行,节点进入弹塑性阶段,滞回曲线的面积不断增加,耗能能力逐步增强;当继续加载时,各试件滞回曲线出现一定捏缩。总体而言,不同轴压比下节点的滞回曲线形状大致相似,滞回曲线所围成的面积相差不大,其主要原因是轴压比改变对于柱节点核心区破坏或柱端弯曲破坏的节点滞回性能影响较大,对于梁端破坏的节点滞回性能影响较小,CSW 边节点的轴压比为 0.4~0.8,破坏模态始终为梁端弯曲破坏。

不同轴压比下 CSW 边节点的骨架曲线如图 6-58(b)所示。由图可知,在弹性阶段,不同轴压比下的节点滞回曲线和骨架曲线基本重合,此阶段节点的刚度和承载力差异较小;在弹塑性阶段,随着轴压比的增大,节点承载力和刚度虽有提高,但提高幅度较小,这主要是由于轴压比增大,CSW 边节点的破坏模态始终为梁端弯曲破坏,节点的刚度和承载力主要取决于梁,而轴压比的改变对于梁的受力影响较小。

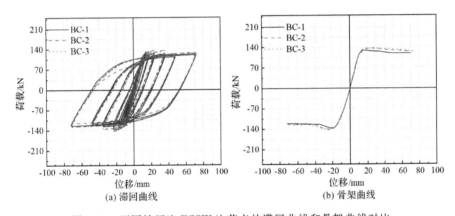

(a) 滞回曲线　　　　　　　　(b) 骨架曲线

图 6-58　不同轴压比 FCSW 边节点的滞回曲线和骨架曲线对比

6.6.4.2　下翼缘板厚度

本节以拟合较好的有限元模型为基准,以试验钢材屈服强度实测值的均值为有限元模型钢材的屈服强度,其他参数不变,通过选取不同梁下翼缘厚度对 CSW 边节点的抗震性能进行研究,梁下翼缘厚度如表 6-7 所示。

表 6-7　CSW 边节点在不同下翼缘板厚度下的承载力

试件	下翼缘厚度/mm	正向承载力/kN	负向承载力/kN
BC-4	3	93.6	167.3
BC-5	5	129.0	170.7
BC-6	7	162.0	180.1

不同下翼缘厚度 CSW 边节点的滞回曲线,如图 6-59(a)所示。由图可知,在加载初期,各节点的滞回曲线近似呈直线,此阶段各节点耗能能力较差;随着加载的进行,滞回曲线的面积不断增加,耗能能力逐步增强,不同梁下翼缘厚度节点的滞回曲线形状大致相似。由于梁下翼缘对于节点的抵抗正弯矩贡献较大,增大梁下翼缘钢板厚度,梁正向滞回曲线所围成的面积增加较为明显,即对于正向加载时节点的耗能能力提高较大。

不同梁下翼缘厚度的 CSW 边节点的骨架曲线见图 6-59(b),正负向承载力如表 6-7 所示。由表 6-7 和图 6-59(b)可知,梁下翼缘厚度由 3mm 增加到 7mm 时,CSW 边节点正负向承载力和刚度均有一定提高,其中,节点的正向承载力提高了73%,负向承载力提高了 8%。正向承载力和刚度提高幅度明显高于负向承载力提高幅度,这主要是由于 CSW 边节点为梁端弯曲破坏,节点正向加载时,最终破坏为梁端下翼缘受拉屈服,提高梁下翼缘厚度,延缓梁下翼缘过早受拉屈服,从而提高了节点的正向承载力。此外,提高梁下翼缘厚度,在一定程度上提高了梁下翼缘与波纹钢板组成的钢甲壳对于梁端混凝土的约束能力,从而提高了边节点的负向承载力。由节点的破坏模式可知,由于下翼缘钢板对于节点抵抗正弯矩的贡献较大,因此提高下翼缘钢板厚度对于提高节点正向承载力较为明显。

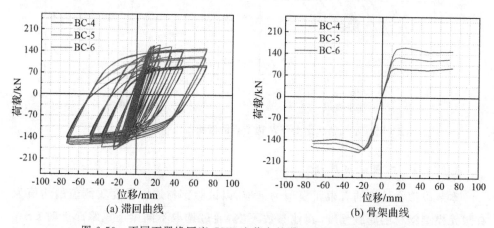

(a) 滞回曲线　　　　　　　　　　(b) 骨架曲线

图 6-59　不同下翼缘厚度 CSW 边节点的滞回曲线和骨架曲线对比

6.6.4.3　梁波纹钢板厚度

本节以拟合较好的有限元模型为基准,以试验钢材屈服强度实测值的均值为有限元模型钢材的屈服强度,其他参数不变,通过选取不同梁波纹钢板厚度对CSW 边节点的抗震性能进行研究,梁波纹钢板厚度见表 6-8。

表 6-8　CSW 边节点在不同波纹钢板厚度下的承载力

试件	梁波纹钢板厚度/mm	正向承载力/kN	负向承载力/kN
BC-7	2	135.8	176.9
BC-8	3	141.3	179.7
BC-9	5	154.2	182.3

梁波纹钢板的作用：①抵抗梁端传来的剪力；②与上、下翼缘形成钢甲壳对梁核心混凝土起到约束作用；③抑制下翼缘钢板过早屈服。其中，主要作用为抵抗梁端传来的剪力。

不同梁波纹钢板厚度 CSW 边节点的滞回曲线如图 6-60(a)所示。如图可知，在加载初期，各节点的滞回曲线近似呈直线，此阶段各试件耗能能力较差；随着加载进行，滞回曲线的面积不断增加，耗能能力逐步增强。总体而言，不同梁波纹钢板厚度的节点的滞回曲线形状大致相似。由于波纹钢板对梁核心混凝土起到约束作用，随着梁波纹钢板厚度的增加，CSW 边节点滞回曲线所围成的面积略有增大，但梁波纹钢板的主要作用为抵抗梁端剪力，并不直接参与受弯，因此增大幅度较小。

不同梁下翼缘厚度的 CSW 边节点的骨架曲线，如图 6-60(b)所示。由表 6-8 和图 6-60(b)可知，梁波纹钢板厚度由 2mm 增加到 5mm，CSW 边节点正向承载力提高了 11.9%，负向承载力提高了 3%，正向承载力和刚度提高幅度明显高于负向承载力提高幅度，主要原因是波纹钢板厚度的增加抑制了梁下翼缘过早屈服。

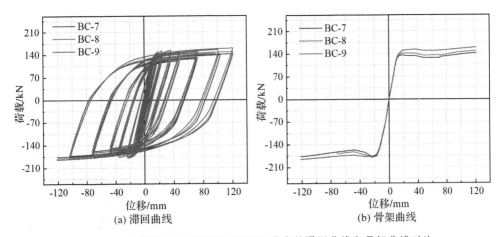

图 6-60　不同梁波纹钢板厚度 CSW 边节点的滞回曲线和骨架曲线对比

6.6.4.4　梁柱线刚度

本节通过改变梁上、下翼缘钢板厚度和梁波纹钢板厚度及梁柱线刚度比，探究梁柱线刚度比对于 CSW 边节点破坏模态、承载力的影响，不同线刚度比下的上、下翼缘钢板厚度以及梁波纹钢板厚度的详细值见表 6-9。

表 6-9 节点的正、负向承载力及破坏模态

试件	上翼缘厚度/mm	梁波纹钢板厚度/mm	下翼缘厚度/mm	线刚度比	正向承载力/kN	负向承载力/kN	正负向承载力比值	破坏模态
BC-10	7.0	1.0	5.8	0.75	131.1	171.1	0.77	梁端弯曲破坏
BC-11	9.5	2.0	7.3	0.77	179.0	206.6	0.87	梁端弯曲破坏
BC-12	11.0	3.2	9.0	0.79	210.1	223.8	0.94	梁端弯曲破坏 节点剪切破坏
BC-13	12.0	5.0	10.0	0.81	220.1	225.9	0.97	节点剪切破坏

由图 6-61 可知，当梁柱线刚度小于 0.77 时，有限元模型在梁端的等效塑性应变较大，试件在梁端弯曲破坏，形成塑性铰；当梁柱线刚度达到 0.79 时，有限元模型在梁端及节点核心区的塑性应变较大，此时试件既存在梁端弯曲破坏又存在节点剪切破坏；当梁柱线刚度达到 0.81 时，有限元模型在柱节点核心区塑性应变值较大，此时试件在柱节点核心区发生剪切破坏。

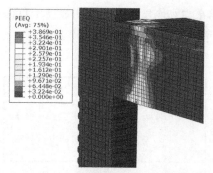

(a) 试件BC-11的混凝土等效塑性应变云图

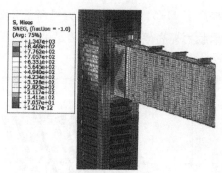

(b) 试件BC-11的钢材Mises应力云图

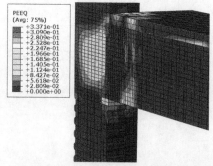

(c) 试件BC-12的混凝土等效塑性应变云图

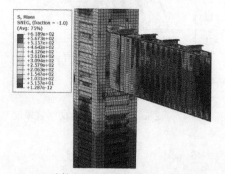

(d) 试件BC-12的钢材Mises应力云图

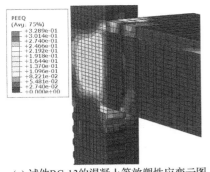
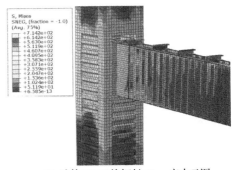

(e) 试件BC-13的混凝土等效塑性应变云图　　　(f) 试件BC-13的钢材Mises应力云图

图 6-61　不同梁柱线刚度的混凝土等效塑性应变云图与钢材的 Mises 应力云图

由图 6-62(a)和表 6-9 可知,随着梁柱线刚度增大,试件的滞回环所围成的面积增大,滞回曲线相对饱满,耗能能力有所提升。由图 6-62(b)可知,当梁柱线刚度由 0.75 增大到 0.81 时,试件的承载力和刚度均有提高,其正、负向承载力分别提高了 68%、32%,且试件的正、负向承载力差距逐步减小,其主要原因是试件在梁端弯曲破坏的情况下,由于楼板的组合作用,试件的负向承载力明显大于正向承载力;随着梁柱线刚度增大,试件的破坏模态由梁端弯曲破坏逐步向节点剪切破坏过渡,楼板的组合作用对于负向承载力的贡献逐步减小。

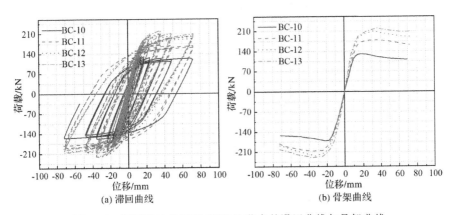

图 6-62　不同梁柱线刚度 CSW 边节点的滞回曲线与骨架曲线

6.6.5　基于节点核心区受剪破坏模型建立

前面对 CSW 中节点进行了试验研究和数值分析,研究表明 CSW 中节点为梁端受弯破坏。为更好地探究此类 CSW 中节点核心区受力机理,设计一个节点核心区破坏的模型至关重要。本书第 6.6.4.4 节研究表明,随着梁柱线刚度比的提高,节点核心区由梁端弯曲破坏逐步向节点剪切破坏转变，为此本节基于 CSW 中节点有限元模型拟合较好，通过增大梁上、下翼缘和腹板厚度来提高梁柱线刚度比，使得 CSW 中节点核心区发生受剪破坏。此外，为提高运算速度、节省运算时间，在不影响节点核心区受力机理的前提下，将梁波纹钢板（梁腹板）简化为直钢板，经大量有限元试算，提出了一种基于节点核心区破坏的 CSW 中节点简化模型。

6.6.5.1　模型设计

CSW 中节点简化模型柱和楼板的构造、截面尺寸、整体尺寸、配筋率等参数与 CSW 中节点相同；简化模型的梁采用外包 U 形钢混凝土组合梁，即梁的腹板为通长直钢板，如图 6-63 所示。其中，梁截面尺寸为 220mm × 300mm，梁长为 1860mm，梁上、下翼缘厚度为 8mm，梁腹板厚度为 2mm。为了满足组合梁翼缘与混凝土之间的抗剪要求，组合梁上、下翼缘设置一定数量的栓钉，栓钉直径为 13mm、长为 65mm、间距为 200mm，简化模型的钢材等级强度为 Q345，大腔混凝土（钢管外部混凝土）强度等级均为 C40，小腔内混凝土（钢管内混凝土）强度等级为 C60。

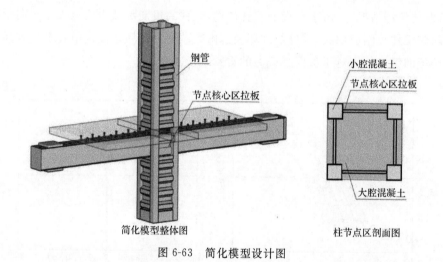

简化模型整体图　　　　　　　柱节点区剖面图

图 6-63　简化模型设计图

6.6.5.2　有限元模型建立

本节在 CSW 中节点有限元模型单调加载拟合较好的基础上，通过提高梁柱线刚度比，建立基于节点核心区受剪破坏模型。建模过程包括创建部件、部件组装、单元类型选取与网格划分、材料本构的选取、接触设定、边界条件与加载方式的设定等，如图 6-64 所示。其中，钢材本构中屈服强度采用规范值 345.0MPa，C40 混凝土轴心抗压强度采用规范值 30.4MPa，C60 混凝土轴心抗压强度采用规范值 40.6MPa，其他参数设定与 6.6.1 节 CSW 中节点单调加载模型的模型参数设定相同。

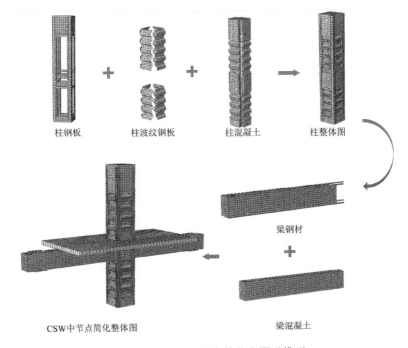

图 6-64　CSW 中节点简化有限元模型

6.6.5.3　有限元结果分析

本节分别提取了 CSW 中节点简化模型在极限状态下整体变形图、钢材 Mises 应力云图、钢筋 Mises 应力云图和混凝土等效塑性应变云图,如图 6-65～图 6-68 所示。

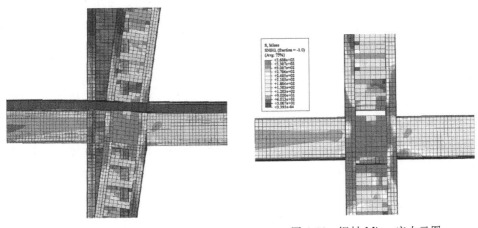

图 6-65　整体变形图　　　　　　　　图 6-66　钢材 Mises 应力云图

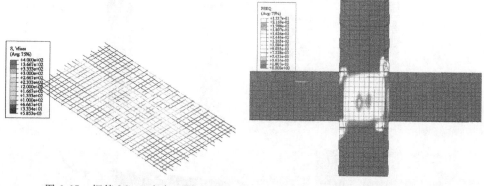

图 6-67   钢筋 Mises 应力云图   图 6-68   混凝土等效塑性应变云图

由图 6-65 可知,极限状态下简化模型变形为节点核心区剪切变形,梁端形状基本无变化,且梁变形前后的图形基本重合。由此说明,该模型柱端位移主要是由节点核心区剪切变形引起的。

由图 6-66 可知,极限状态下,模型的钢材在节点核心区位置的 Mises 应力值较大,最大值达到了 360.8MPa,表明节点核心区钢材已屈服。

由图 6-67 可知,极限状态下,钢筋在靠近节点核心区的 Mises 应力值较大,超过钢筋的屈服应力 400MPa,但大部分钢筋未屈服。

由图 6-68 可知,极限状态下,混凝土在节点核心区的等效塑性应变较大,最大等效塑性应变值达到了 0.12,超过了混凝土的破坏应变,表明此时节点核心区混凝土已经受压破坏。

综上所述,简化模型为节点核心区破坏,模拟效果较好,已达到了建模目的。

6.6.6   CSW 中节点承载力参数分析

上节通过提高梁柱线刚度比使 CSW 中节点核心区受剪破坏,本节利用有限元软件 ABAQUS 对该 CSW 中节点承载力的影响参数进行有限分析。影响 CSW 中节点承载力的参数包括大腔混凝土强度等级(钢管外部混凝土)、小腔混凝土强度等级(钢管内部混凝土)、钢材强度等级、钢管厚度、节点核心区拉板厚度、轴压比等,各参数取值见表 6-10。其中,钢材的屈服强度和混凝土轴心抗压强度取规范值。

表 6-10　影响节点承载力参数及承载力

参数变量	试件	大腔混凝土等级	小腔混凝土等级	钢材强度等级	钢管厚度/mm	节点核心区拉板厚度/mm	轴压比	荷载/kN
大腔混凝土强度等级	JS-1	C30	C60	Q345	3	8	0.4	174.9
	JS-2	C35	C60	Q345	3	8	0.4	177.3
	JS-3	C40	C60	Q345	3	8	0.4	179.3
小腔混凝土强度等级	JS-3	C40	C60	Q345	3	8	0.4	179.3
	JS-4	C40	C50	Q345	3	8	0.4	178.6
	JS-5	C40	C40	Q345	3	8	0.4	178.3
钢材强度等级	JS-6	C40	C60	Q235	3	8	0.4	152.0
	JS-3	C40	C60	Q345	3	8	0.4	179.3
	JS-7	C40	C60	Q390	3	8	0.4	192.0
钢管厚度	JS-3	C40	C60	Q345	3	8	0.4	179.3
	JS-8	C40	C60	Q345	6	8	0.4	228.8
	JS-9	C40	C60	Q345	9	8	0.4	246.7
节点核心区拉板厚度	JS-10	C40	C60	Q345	3	6	0.4	173.5
	JS-3	C40	C60	Q345	3	8	0.4	179.3
	JS-11	C40	C60	Q345	3	10	0.4	181.8
轴压比	JS-12	C40	C60	Q345	3	8	0.1	158.7
	JS-13	C40	C60	Q345	3	8	0.2	167.7
	JS-3	C40	C60	Q345	3	8	0.4	179.3
	JS-14	C40	C60	Q345	3	8	0.6	181.0

(1)大腔混凝土强度的影响

在其他参数不变、大腔混凝土强度等级由 C30 增加到 C40 时,CSW 中节点的荷载-位移曲线如图 6-69(a)所示。随着大腔混凝土强度的提高,节点的刚度变化较小,承载力有一定的提高。

(2)小腔混凝土强度的影响

在其他参数不变,小腔混凝土强度提高时,CSW 中节点的荷载-位移曲线如图 6-69(b)所示。随着小腔混凝土强度等级由 C40 增加到 C60,节点的刚度和承载力几乎无变化。

(3)钢材强度的影响

在其他参数不变、钢材强度提高时,CSW 中节点的荷载-位移曲线如图 6-69(c)所示。随着钢材强度等级由 Q235 增加到 Q390,节点的刚度和承载力均有一定的提高,其中承载力提高了近 26.3%。

（4）钢管厚度的影响

在其他参数不变、钢管厚度由 3mm 增加到 9mm 时，CSW 中节点的荷载-位移曲线如图 6-69(d)所示。随着钢管厚度的增加，节点的刚度和承载力均有较大提高，其中承载力提高了近 37.6%。

（5）节点核心区拉板厚度的影响

在其他参数不变、钢管厚度为 3mm 时，节点核心区拉板由 6mm 增加到 9mm 时，CSW 中节点的荷载-位移曲线如图 6-69(e)所示。随着节点核心区拉板厚度增加，节点的刚度和承载力均有小幅度提高，其中承载力提高了近 4.8%。

（6）轴压比的影响

在其他参数不变、轴压比由 0.1 增加到 0.6 时，CSW 中节点的荷载-位移曲线如图 6-69(f)所示。随着轴压比增加，节点的刚度和承载力均有一定的提高，其中承载力提高了近 14.1%。

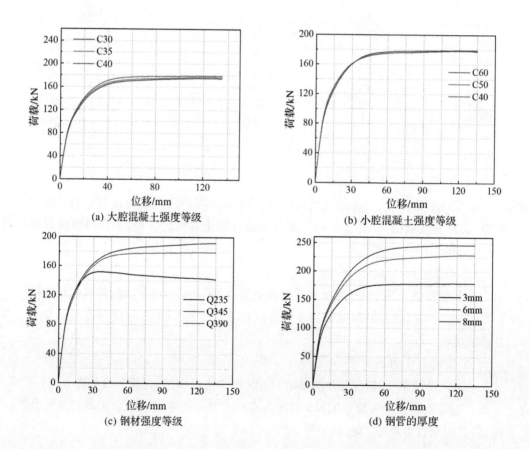

(a) 大腔混凝土强度等级

(b) 小腔混凝土强度等级

(c) 钢材强度等级

(d) 钢管的厚度

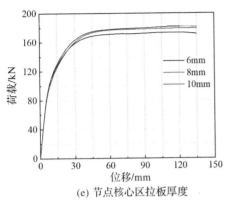

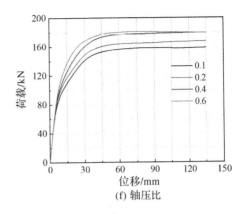

(e) 节点核心区拉板厚度　　　　　　　　(f) 轴压比

图 6-69　不同参数对节点荷载-位移曲线的影响

6.7　波纹钢板-钢管混凝土组合框架中节点抗剪承载力研究

上节通过提高梁柱线刚度比,建立了基于节点核心区剪切破坏的模型。本节通过对试件 SJ-3 的节点核心区钢材和混凝土的应力和应变进行分析来研究节点核心区各个部件的传力路径和受力机理。此外,本节还对节点核心区受剪力学模型进一步分析,提出了一种 CSW 中节点核心区受剪承载力的公式。

6.7.1　节点核心区受剪机理分析

为更好地探究节点核心区受剪机理,本节将节点核心区受剪分为核心区混凝土受剪和核心区钢材受剪两部分,利用有限元软件 ABAQUS 对 CSW 中节点核心区的钢材与混凝土的应力、应变等进行分析,明确传力路径及受剪机理,提出了节点核心区受剪力学模型。

6.7.1.1　混凝土部分受力机理分析

为更好地研究节点核心区混凝土的受力机理,本节将节点核心区混凝土分为核心混凝土(区域 1)、钢管内混凝土(区域 4、5、6、7)、沿梁方向两钢管之间翼缘混凝土(区域 2、3)三个部分,如图 6-70(a)所示。

图 6-70(b) 和 6-70(c) 分别为节点核心区混凝土主压应力云图以及主压应力矢量图。结合主压应力云图和主压应力矢量图可知,在轴压力、水平力及弯矩作用下,节点核心区混凝土的整体主压应力值最大值达到了 48.1MPa,但大部分混凝

土的主压应力在 8～20MPa,主压应力矢量的方向主要为斜向,如图 6-70(c)所示。其中,区域 1 处核心混凝土由于直接承担梁端荷载,应力水平明显高于其他区域混凝土;钢管将区域 4、5、6、7 的混凝土由于与区域 1、2、3 的混凝土分割开,因此钢管内混凝土与钢管外混凝土主压应力出现了明显的不连续。

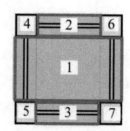

(a) 节点核心区混凝土区域划分图(俯视图)

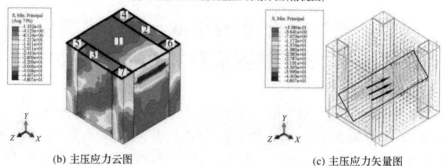

(b) 主压应力云图　　　　　　　　　(c) 主压应力矢量图

图 6-70　整体混凝土的主压应力云图及主压应力矢量图

(1)核心混凝土

核心混凝土所受外力包括:①上侧面与下侧面主要承受上、下柱的压力与弯矩,在弯矩作用下,右上端部为压力,左上端部为拉力,右下端部为拉力,左下端部主要为拉力,在压力与弯矩作用下,核心混凝土右上端为压力,合力方向向下,左下端为压力,合力方向向上;②左侧面主要承受左梁下翼缘的水平集中力,作用在底部;③右侧面主要承受右梁上翼缘和楼板的水平集中力,作用在顶部;在沿梁方向水平力和沿柱方向竖向力作用下,主压应力在节点核心区出现明显的斜压杆,斜压杆区域内混凝土主压应力最大值达到 32.1MPa,出现在右上和左下端,大部分混凝土主压应力值在 8.1～12.1MPa,如图 6-71(a)所示。由图 6-71(b)可知,斜压杆区域内混凝土的主压力矢量为斜向。此外,对主压力矢量沿梁宽方向($Z - Y$ 面)分层进行分析可知,主压力分布较均匀。

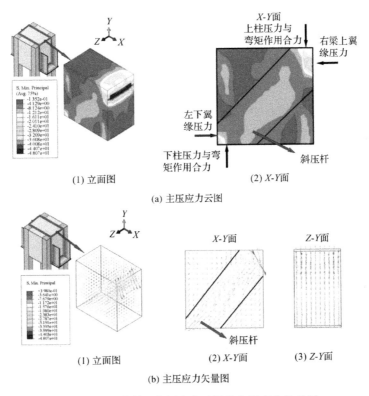

(1) 立面图　　　　(2) X-Y面

(a) 主压应力云图

(1) 立面图　　(2) X-Y面　　(3) Z-Y面

(b) 主压应力矢量图

图 6-71　核心混凝土主压应力云图及主压应力矢量图

(2)钢管内混凝土

钢管内混凝土主要由区域 4、5、6、7 四个部分组成,其中区域 4、6 混凝土分别与区域 5、7 混凝土相同,故本节只对 5、7 处混凝土进行分析。钢管内区域与混凝土所受外力包括:①上侧面与下侧面主要承受上、下柱的压力与弯矩,在弯矩和轴压力作用下,左上端主要承受拉力,右上端主要承受压力,左下端主要承受压力,右下端主要为拉力;②右侧面主要承受节点核心区拉板通过钢管传递的斜向力,作用在沿节点核心区拉板高度范围内;③沿钢管内混凝土竖向,钢管约束作用产生的水平力,如图 6-72 所示。在合力作用下,钢管内的混凝土受力情况分为 A、B、C、D、E 五个区域。其中,A 区域的混凝土主要承受弯矩作用下的拉力、上柱压力、钢管的约束力、B 和 C 区域混凝土的压力,合力作用下,混凝土主要承受拉力,主拉应力值达到了 2.5MPa,方向为竖向;B 区域的混凝土主要承受弯矩作用下的压力、上柱压力、B 和 C 区域混凝土的压力、节点核心区上拉板通过钢管传递的斜向力,合力作用下,混凝土主要承受压力,主压应力值达到了 23.4MPa,主压力在节点核心区上拉板连接的区域为斜向,其他区域为竖向;C 区域混凝土主要承受钢管的约束力和 A、B

区域混凝土的压力,合力作用下,混凝土主要承受压力,主压应力达到了 15.8MPa；D 区域的混凝土主要承受下柱向上的压力、弯矩以及 C 区域混凝土的压力,合力作用下,该区域主要承受压力,主压应力值达到了 20.1MPa,主压应力方向为竖向；D 区域混凝土主要承受下柱压力和弯矩的合力即向下的拉力、C 和 D 区域混凝土的约束力以及节点核心区下拉板通过钢管传递的斜向力,合力作用下,该区域混凝土主要受拉,主拉应力值达到了 1.25MPa。总体而言,区域 5 处钢管内混凝土为压弯构件,所受剪切力较小。区域 7 处混凝土与区域 5 处混凝土相反,此处不过多赘述。

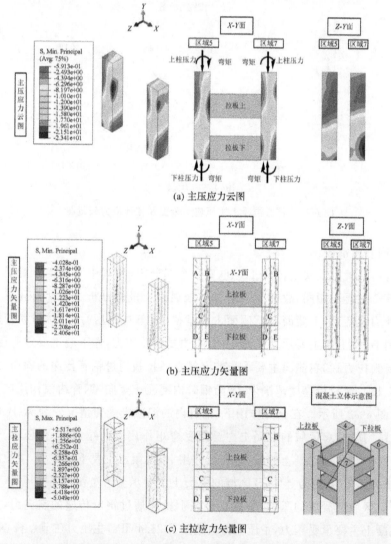

图 6-72　钢管内混凝土主压应力云图、主压应力矢量图和主拉应力矢量图

（3）钢管之间翼缘混凝土

钢管之间翼缘混凝土所受外力包括：①上侧面与下侧面主要承受上、下柱的压力与弯矩，合力作用下，翼缘混凝土右上端为压力，合力方向向下，左下端为压力，合力方向向下；②左侧面主要承受钢管约束作用的水平力，作用在底部；③右侧面主要承受钢管约束作用的水平力，作用在顶部；合力作用下，主压应力在节点核心区出现明显的斜压杆，斜压杆区域内混凝土主压应力值约在 6.0MPa，如图6-73（a）所示。由图 6-73（b）可知，斜压杆区域内混凝土的主压力矢量为斜向，此外对主压力矢量沿梁宽方向（$Z-Y$ 面）分层进行分析可知，主压力矢量分布的均匀度较差。

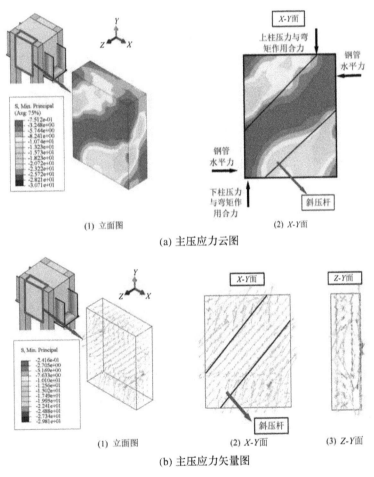

(a) 主压应力云图

(b) 主压应力矢量图

图 6-73　翼缘混凝土主压应力云图及主压应力矢量图

6.7.1.2 节点核心区钢材受力机理分析

图 6-74 为核心区钢材达到抗剪承载力时的 Mises 应力云图以及主拉应力矢量图。其中 1、2、3、4、9、10 六个面的钢板直接承受剪应力，钢板应力值均达到了钢材的屈服强度 345MPa，主拉应力与水平方向夹角近乎为 45°；3、4 面钢材主要承受剪力，在两端与钢管连接的位置应力较大，达到了钢材的屈服应力 345MPa，左、右端部到中部应力值逐步减小，主拉应力与水平方向夹角近乎为 45°；8 面的钢材主要承受弯矩下的拉力，钢管内混凝土反约束力，在合力作用下，节点钢管内的混凝土底部受压，上部外侧受拉，内侧受压，因此下侧钢板受混凝土约束反力作用，主拉应力为水平力，上部钢板受弯矩作用，主拉力为竖向力，钢材应力值接近屈服强度

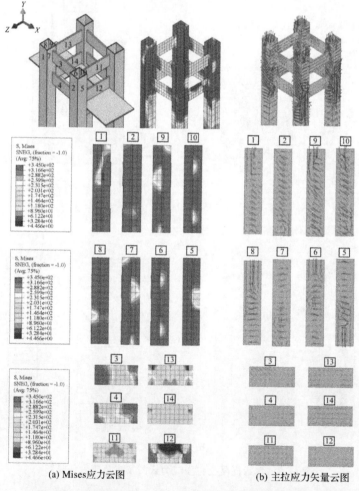

(a) Mises 应力云图　　　　　　　　　　　(b) 主拉应力矢量云图

图 6-74　整体钢材的 Mises 应力云图及主拉应力矢量图

345MPa；6 面钢板所受力主要为弯矩下的拉力，钢管内混凝土反约束力以及节点核心区拉板的斜向剪力，在合力作用下，上部钢板主拉应力为竖向，下侧钢板主拉应力为水平方向，节点核心区拉板连接的位置为斜向；7 面钢板主要承受弯矩作用下压力、上柱压力、钢管内侧混凝土的约束反力和节点核心区拉板斜向剪力，其中，钢管内侧混凝土的约束反力和节点核心区拉板斜向剪力对于 7 面钢板的影响较大，主拉应力在拉板连接的位置为斜向，其他位置为水平方向，大部分钢材接近屈服强度 345MPa；5 面钢板主要承受弯矩、上柱压力、钢管内侧混凝土的约束反力和节点核心区拉板斜向剪力，下侧钢板主要受钢管内混凝土反约束力，主拉应为水平方向，上侧钢板主要受弯矩作用下的拉力，主拉应力为竖向，大部分钢材应力值达到屈服强度 345MPa；11、12、13、14 面的钢材主要为核心混凝土的约束力，不直接参与节点核心区抗剪，因此主拉应力为水平方向。

6.7.2　节点核心区抗剪承载力计算公式

本节基于上述节点核心区受剪机理分析，提出适用于 CSW 中节点核心区抗剪承载力公式。CSW 中节点核心区抗剪承载力由核心区混凝土抗剪承载力和核心区钢材抗剪承载力公式两部分组成：

$$V_j = V_c + V_s \tag{6-21}$$

式中，V_j 为节点核心区抗剪承载力；V_c 为节点核心区混凝土抗剪承载力；V_s 为节点核心区钢材抗剪承载力。

6.7.2.1　核心混凝土提供抗剪承载力

由 6.7.1.1 节可知，节点核心区混凝土抗剪承载力主要由核心混凝土的抗剪承载力 V_{c1}、沿梁方向两钢管之间翼缘混凝土抗剪承载力 V_{c2} 两部分组成。

（1）核心混凝土的抗剪承载力

由 6.7.1.1 节的核心混凝土受剪机理可知，在剪力作用下，核心混凝土沿对角线下方向斜压杆，其水平方向分量来抵抗梁和楼板传来的水平分力。考虑核心混凝土主压应力水平较低，约为实际抗压强度的 40%，因此对该区域斜压杆混凝土抗压强度进行折减，核心混凝土斜压杆承载力为：

$$V_{c1} = 0.4 \times f_c^* \times A_c \times \cot\theta \tag{6-22}$$

式中，f_c^* 为混凝土抗压强度；A_c 为斜压杆截面面积，即 $A_c = b_c \times c$；θ 为斜压杆中线与水平线夹角；b_{cu} 为组合柱截面宽度；h_{cu} 为组合梁下翼缘底部与楼板顶部之间的距离；b_c 为沿梁宽度方向，组合柱除钢管宽度外，核心混凝土截面宽度；c 为核心混凝土受压区宽度，如图 6-75 所示。

按照公式(6-23)进行计算，c 为核心混凝土受压区宽度主要与轴向压力相关，参考刘记雄[86]进行计算：

$$c=\left(0.25+0.85\frac{N_c}{f_c^*A_{co}}\right)b_{cu} \tag{6-23}$$

$$N_c=\frac{A_{co}E_{ch}N}{A_{co}E_{ch}+A_{cg}E_{cg}+A_{coj}E_{cj}+A_sE_s} \tag{6-24}$$

式中，N_c 为核心混凝土承受的轴压值；A_{co} 为核心混凝土的面积，$A_{co}=b_c\times b_{cu}$；N 为柱子轴力；E_s、A_s 为钢管的弹性模量和截面面积；E_{ch}、A_{ch} 为核心混凝土的弹性模量和截面面积；E_{cg}、A_{cg} 为核心区钢管内混凝土的弹性模量和截面面积；E_{cj}、A_{cj} 为核心区翼缘混凝土的弹性模量和截面面积。

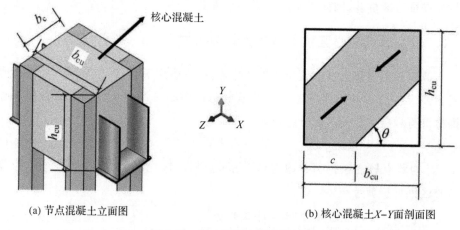

(a) 节点混凝土立面图　　　　　　　(b) 核心混凝土X-Y面剖面图

图 6-75　核心混凝土斜压杆示意

联立公式(6-22)、公式(6-23)、公式(6-24)，简化求得核心混凝土受剪承载力公式：

$$V_{c1}=0.1\times f_c^*\times A_{co}\times\cot\theta+0.34\times\cot\theta\times N_c \tag{6-25}$$

（2）翼缘混凝土的抗剪承载力

由 6.7.1.1 节翼缘混凝土受剪机理可知，在剪力作用下，矩形异形混凝土沿对角线下方向斜压杆，同时考虑核心混凝土主压应力水平较低，约为实际抗压强度的20%，因此翼缘混凝土斜压杆承载力为：

$$V_{c2}=2\times0.2\times f_c^*\times A_{cj}\times\cot\theta_j \tag{6-26}$$

式中，A_{cj} 为斜压杆截面面积，即 $A_{cj}=b_{cj}\times c_j$；θ_j 为斜压杆中线与水平线夹角；b_{cuj} 为沿梁方向钢管之间混凝土净截面宽度；h_{cu} 为组合梁下翼缘底部与楼板顶部之间的距离；b_{cj} 为沿梁宽度方向，组合柱钢管外径宽度；c_j 为核心混凝土受压区宽度，如图 6-76 所示。

按照公式(6-27)进行计算，c_j 为核心混凝土受压区宽度主要与轴向压力相关，参考刘记雄[86]进行计算：

$$c_j = \left(0.25 + 0.85 \frac{N_{cj}}{f_c^* A_{coj}} \right) b_{cuj} \tag{6-27}$$

$$N_{cj} = \frac{A_{coj} E_{cj} N}{A_{co} E_{ch} + A_{cg} E_{cg} + A_{coj} E_{cj} + A_s E_s} \tag{6-28}$$

式中，N_{cj} 为翼缘混凝土承受的轴压值；A_{coj} 为翼缘混凝土截面面积，$A_{coj} = b_{cj} b_{cuj}$。

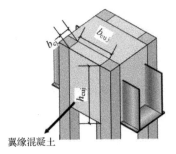

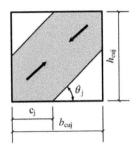

(a) 节点混凝土立面图　　　　　　　　(b) 核心混凝土X-Y面剖面图

图 6-76　翼缘混凝土斜压杆示意

联立公式(6-26)、公式(6-27)、公式(6-28)，简化求得翼缘混凝土受剪承载力公式：

$$V_{c2} = 0.1 \times f_c^* \times A_{coj} \times \cot\theta_j + 0.34 \times \cot\theta_j \times N_{cj} \tag{6-29}$$

联立公式(6-25)、公式(6-29)，得到节点核心区混凝抗剪承载力公式：

$$V_c = 0.1 f_c^* \times (A_{co} \cot\theta + A_{coj} \cot\theta_j) + \frac{0.34 N E_c (A_{co} \cot\theta + A_{coj} \cot\theta_j)}{(A_{co} + A_{coj}) E_c + A_{cg} E_{cg} + A_s E_s} \tag{6-30}$$

式中，E_c 为核心区混凝土弹性模量。

6.7.2.2　节点核心区拉板及钢管提供抗剪承载力

由 6.7.1.2 节钢材的受力机理分析可知，钢材在节点核心区的抗剪主要由钢管腹板抗剪 V_g 和节点核心区拉板抗剪 V_b 两部分组成。其中，钢管主要由节点核心区 1、9、2、10、15、16、17、18 面的钢材抗剪；节点核心区拉板主要由 3、4、19、20 拉板抗剪，如图 6-77 所示。

(1)钢管腹板抗剪

由 6.7.1.2 节点核心区钢材的受力机理可知，节点核心区钢管腹板应力状态接近理想剪压状态，

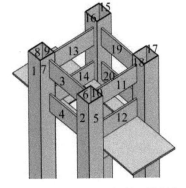

图 6-77　节点核心区钢材区域划分

钢材的竖向应力 σ_s 根据轴压比根据公式(6-31)进行计算[85]，即

$$\sigma_s = n \times f_y \tag{6-31}$$

式中，n 为柱轴压比；f_y 为节点核心区钢材的屈服强度。

由聂建国[87]可知，方钢管混凝土柱中，钢管腹板在轴压作用下能承受最大剪应力 τ_{maxs} 为：

$$\tau_{maxs} = \frac{\sqrt{f_y^2 - \sigma_s^2}}{\sqrt{3}} \tag{6-32}$$

由 6.7.1.2 节可知，节点核心区钢管几乎全部达到屈服状态，因此按照屈服强度进行计算，节点钢管部分抗剪承载力为：

$$V_g = 8 \times t_g \times b_g \sqrt{\frac{f_y^2 - \sigma_s^2}{3}} \tag{6-33}$$

式中，t_g 为钢管的厚度；b_g 为钢管的内径，即 $b_g = b_{cj} - 2t_g$，如图 6-78 所示。

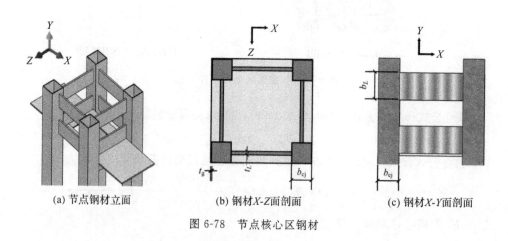

(a) 节点钢材立面　　　　　(b) 钢材 X-Z 面剖面　　　　(c) 钢材 X-Y 面剖面

图 6-78　节点核心区钢材

（2）节点核心区拉板的抗剪承载力

节点核心区拉板的抗剪承载力公式为：

$$V_L = m \times \lambda \times t_L \times b_L \times f_y \tag{6-34}$$

式中，m 为节点核心区拉板的数量；b_L 为节点核心区拉板宽度；t_L 为节点核心区拉板厚度；λ 为钢管对于节点核心区拉板影响系数，$\lambda = 0.68 - 1.16 \times \left(0.75 - \frac{t_g}{tf_L}\right)^2$。

（3）节点核心区钢材的抗剪承载力

将公式(6-33)和公式(6-34)联立，得到节点核心区钢材的抗剪承载力公式：

$$V_s = V_g + V_L = 8 \times t_g \times b_g \sqrt{\frac{f_y^2 - \sigma_s^2}{3}} + m \times \lambda \times t_L \times b_L \times f_y \tag{6-35}$$

6.7.3　抗剪承载力计算公式验证

将公式(6-31)和公式(6-35)代入公式(6-21)中,得到 CSW 中节点核心区抗剪承载力公式:

$$V_c = 0.1 f_c^* \times (A_{c0} \cot\theta + A_{c0j} \cot\theta_j) + \frac{0.34 N E_c (A_{c0} \cot\theta + A_{c0j} \cot\theta_j)}{(A_{c0} + A_{c0j}) E_c + A_{cg} E_{cg} + A_s E_s}$$

$$+ 8 \times t_g \times b_g \sqrt{\frac{f_y^2 - \sigma_s^2}{3}} + m \times \lambda \times t_L \times b_L \times f_y \qquad (6-36)$$

在轴压力和水平推力作用下,CSW 中节点受力图和节点核心区受力情况分别如图 6-79 和图 6-80 所示。

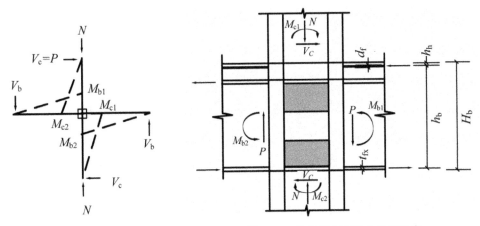

图 6-79　节点受力分析示意　　　　图 6-80　节点核心区受力分析示意

CSW 中节点核心区所受剪力按公式(6-37)计算:

$$V = \frac{M_{c1}}{h_b} + \frac{M_{c2}}{h_b} - V_c = \frac{PH}{h_b} - P = \frac{PH}{H_b - 0.5 \times (d_f + t_{fx}) - h_h} - P \qquad (6-37)$$

式中,P 为柱顶水平推力;H 为柱反弯点之间的距离;H_b 为梁下翼缘底面到楼板顶面之间的距离;d_f 为梁负弯矩钢筋直径;h_h 为楼板保护层厚度;t_{fx} 为梁下翼缘厚度。

本节基于节点核心区受剪破坏的 CSW 中节点有限元模型,对大腔混凝土(由核心混凝土和翼缘混凝土整体组成)强度等级、钢管内混凝土强度等级、整体钢材的强度等级、钢管壁厚、节点核心区拉板厚度、轴压比等参数进行了有限元分析,结果表明:①随着大腔混凝土强度等级由 C30 增大到 C35,节点抗剪承载力有一定提高;②随着钢管内混凝土强度等级的提高,节点抗剪承载力变化较小;③随着整体钢材强度等级由 Q235 增大到 Q390，节点抗剪承载力提高了 26.3%；④随着钢管厚度与节点核心区拉板厚度比值的增大，节点抗剪承载力先增大后减小；⑤随着轴压比由 0.1 增加到 0.6，节点抗剪承载力提高了 28.0%；⑥每个参数下的公式计算结果与有限元结果误差在 5% 以内，吻合较好，且大部分的公式计算结果小于有限元计算结果（见表 6-11），即公式计算结果偏于保守。

表 6-11　有限元结果与公式结果验证

试件	大腔混凝土等级	小腔混凝土等级	钢材强度等级	钢管厚度/mm	节点核心区拉板厚/mm	轴压比	P/kN	V_j/kN	V/kN	(V_j/V)/%
JS-1	C30	C60	Q345	3	8	0.4	174.9	1801.7	1742.3	96.7
JS-2	C35	C60	Q345	3	8	0.4	177.3	1826.4	1795.6	98.3
JS-4	C40	C50	Q345	3	8	0.4	178.6	1839.8	1846.2	100.3
JS-5	C40	C40	Q345	3	8	0.4	178.3	1836.7	1846.2	100.5
JS-6	C40	C60	Q235	3	8	0.4	152.0	1565.8	1567.2	100.1
JS-7	C40	C60	Q390	3	8	0.4	192.0	1977.9	1973.5	99.8
JS-8	C40	C60	Q345	6	8	0.4	228.8	2357.0	2350.5	99.7
JS-9	C40	C60	Q345	9	8	0.4	246.7	2541.3	2494.7	98.2
JS-10	C40	C60	Q345	3	6	0.4	173.5	1787.3	1778.6	99.5
JS-11	C40	C60	Q345	3	10	0.4	181.8	1872.8	1889.8	100.9
JS-12	C40	C60	Q345	3	8	0.1	158.7	1534.8	1464.0	95.4
JS-13	C40	C60	Q345	3	8	0.2	167.7	1627.5	1595.3	98.0
JS-14	C40	C60	Q345	3	8	0.6	181.0	1964.5	2078.3	105.8
JS-15	C40	C60	Q345	6	6	0.4	216.3	2228.2	2102.8	94.4
JS-16	C40	C60	Q345	6	8	0.4	228.8	2357.0	2350.5	99.7
JS-17	C40	C60	Q345	6	10	0.4	238.6	2457.9	2502.1	101.8

参考文献

［1］金文.从建筑业发展"十三五"规划看行业前景［J］.中国建筑金属结构,2017,(6):12-15.

［2］韩林海,陶忠.方钢管混凝土轴压力学性能的理论分析与试验研究［J］.土木工程学报,
　　2001,(2):17-25.

［3］TAO Z, YU B, HAN L H, et al. Analysis and design of concrete-filled stiffened thin-
　　walled steel tubular columns under axial compression［J］. Thin-Walled Structures,2009,
　　47(12):1544-1556.

［4］CAI J, HE Z Q. Axial load behavior of square CFT stub column with binding bars［J］.
　　Journal of Constructional Steel Research,2006,62(5):472-483.

［5］WANG B, LIANG J, LU Z. Experimental investigation on seismic behavior of square
　　CFT columns with different shear stud layout［J］. Journal of Constructional Steel Re-
　　search,2019,153:130-138.

［6］LEE H P, AWANG A Z, OMAR W. Steel strap confined high strength concrete under
　　uniaxial cyclic compression［J］. Construction and Building Materials,2014,72:48-55.

［7］石启印,范旭红,FRONCKE W.新型 U 形外包钢-钢筋砼 T 形截面组合梁的试验［J］.工
　　程力学,2007,(12):88-92,99.

［8］石启印,蔡建林,陈倩倩,等.新型外包钢混凝土组合梁抗扭的试验及分析［J］.工程力学,
　　2008,25(12):162-170.

［9］杜德润.新型外包钢-混凝土组合简支梁及组合框架试验研究［D］.南京:东南大
　　学,2005.

［10］中华人民共和国住房和城乡建设部.混凝土物理力学性能试验方法标准:GB/T
　　50081—2019［S］.北京:中国建筑工业出版社,2019.

［11］冶金工业信息标准研究院.钢及钢产品 力学性能试验取样位置及试样制备:GB/T
　　2975—2018［S］.北京:国家市场监督管理总局,中国国家标准化管理委员会,2018.

［12］中国钢铁工业协会.金属材料 拉伸试验 第 1 部分:室温试验方法:GB/T 228.1—2021
　　［S］.北京:国家市场监督管理总局,国家标准化管理委员会,2021.

［13］钟善桐.钢管混凝土结构［M］.北京:清华大学出版社,2003.

［14］陈惠发,萨里普.弹性与塑性力学［M］.北京:中国建筑工业出版社,2004.

[15] DING F, YING X, ZHOU L, et al. Unified calculation method and its application in determining the uniaxial mechanical properties of concrete[J]. Frontiers of Architecture and Civil Engineering in China,2011,5(3):381.

[16] 陈宗平,经承贵,徐金俊,等. 方钢管螺旋筋复合约束混凝土柱轴压机理及承载力计算[J]. 土木工程学报,2017,50(5):47-56.

[17] HAN L H, YAO G H, TAO Z. Performance of concrete-filled thin-walled steel tubes under pure torsion[J]. Thin-Walled Structures,2007,45(1):24-36.

[18] MIRZA S A, LACROIX E A. Comparative strength analyses of concrete-encased steel composite columns[J]. Journal of Structural Engineering,2004,130(12):1941-1953.

[19] ACI Committee 318. Building Code Requirements for Structural Concrete and Commentary (ACI 318-14)[S]. Farmington Hills: American Concrete Institute,2014.

[20] LIU J, ZHOU X, GAN D. Effect of friction on axially loaded stub circular tubed columns[J]. Advances in Structural Engineering,2016,19(3):546-559.

[21] ZHONG T, WANG Z B, YU Q. Finite element modelling of concrete-filled steel stub columns under axial compression[J]. Journal of Constructional Steel Research,2013,89:121-131.

[22] 同济大学. 矩形钢管混凝土结构技术规程:CECS 159:2004[S]. 北京:中国计划出版社,2004.

[23] 中华人民共和国住房和城乡建设部. 钢管混凝土结构技术规范:GB 50936—2014[S]. 北京:中国工业出版社,2014.

[24] 钟善桐. 圆、八边、正方与矩形钢管混凝土轴心受压性能的连续性[J]. 建筑钢结构进展,2004,(2):14-22.

[25] 周绪红,甘丹,刘界鹏. 方钢管约束钢筋混凝土轴压短柱的轴压力学性能研究[J]. 建筑结构学报,2011,32(2):68-74.

[26] 姚烨. 薄壁横肋波纹钢板-钢管混凝土短柱轴压性能研究[D]. 无锡:江南大学,2021.

[27] MANDER J B, PRIESTLEY M J N, PARK R. Theoretical stress-strain model for confined concrete[J]. Journal of Structural Engineering,1988,114(8):1804-1826.

[28] SAKINO K, NAKAHARA H, MORINO S, et al. Behavior of centrally loaded concrete-filled steel-tube short columns[J]. Journal of Structural Engineering,2004,130(2):180-188.

[29] 蔡绍怀,尉尚民. 混凝土局部承压强度理论的台锥-套箍模型[C]//约束与普通混凝土强度理论及应用学术讨论会论文集,1987:210-216.

[30] HAN L H, YAO G H, CHEN Z B, et al. Experimental behaviours of steel tube confined concrete (STCC) columns[J]. Steel and Composite Structures,2005,5:106-112.

[31] 刘林林,屠永清,叶英华.基于 ABAQUS 的钢管混凝土 L 形柱有限元分析[J].沈阳工业大学学报,2011,33(3):349-354.

[32] 曹万林,徐萌萌,董宏英,等.不同构造五边形钢管混凝土巨型柱轴压性能计算分析[J].工程力学,2015,32(6):99-108,123.

[33] 董宏英,李瑞建,曹万林,等.不同腔体构造矩形截面钢管混凝土柱轴压性能试验研究[J].建筑结构学报,2016,37(5):69-81.

[34] ZHENG Z, GAN D, ZHOU X. Improved composite effect of square concrete-filled steel tubes with diagonal binding ribs[J]. Journal of Structural Engineering,2019,145 (10):04019112.

[35] 程倩倩,连鸣,关彬林,等.含双槽钢截面可更换耗能梁段的高强钢框筒结构滞回性能研究[J].工程力学,2021,38(5):98-112,121.

[36] HAN L H, AN Y F. Performance of concrete-encased CFST stub columns under axial compression[J]. Journal of Constructional Steel Research,2014,93:62-76.

[37] WANG Z B, ZHOU T, YU Q. Axial compressive behaviour of concrete-filled double-tube stub columns with stiffeners[J]. Thin-Walled Structures,2017,120:91-104.

[38] 计静,徐智超,姜良芹,等.矩形钢管混凝土翼缘-蜂窝钢腹板 H 形截面组合短柱轴压性能试验研究[J].建筑结构学报,2019,40(09):63-73.

[39] 中国建筑科学研究院.JGJ 138—2016 组合结构设计规范[S].北京:中国建筑工业出版社,2016.

[40] BS EN1994-1-1 Eurocode 4. Design of Composite Steel and Concrete Structures[S]. London: British Standards Institution,2004.

[41] 康金鑫,邹昀,王城泉,等.波纹侧板-方钢管混凝土柱轴压性能研究[J].建筑结构学报,2020,41(7):146-153.

[42] 韩林海,钟善桐.钢管混凝土基本剪切问题研究[J].哈尔滨建筑工程学院学报,1994,28 (6):16-22.

[43] 钱稼茹,崔瑶,方小丹.钢管混凝土柱受剪承载力试验[J].土木工程学报,2007,(5):1-9.

[44] 肖从真,蔡绍怀,徐春丽.钢管混凝土抗剪性能试验研究[J].土木工程学报,2005,(4): 5-11.

[45] 郭淑丽,陶忠.方钢管混凝土柱抗剪试验研究[J].福建工程学院学报,2011,9(6): 550-554.

[46] 蔡健,梁伟盛,林辉.方钢管混凝土柱抗剪性能试验研究[J].深圳大学学报(理工版), 2012,29(3):4-9.

[47] 徐春丽.钢管混凝土柱抗剪承载力试验研究[D].青岛:山东科技大学,2004.

[48] 韩林海,陶忠,刘威.钢管混凝土结构——理论与实践[J].福州大学学报(自然科学版), 2001,(6):24-34.

[49] 中国建筑科学研究院.混凝土结构试验方法标准:GB/T 50152—2012[S].北京:中国建筑工业出版社,2012.

[50] 秦鹏.CFRP 约束钢管混凝土柱的抗震性能研究[D].长沙:湖南大学,2016.

[51] 蔡健,孙刚.方形钢管约束下核心混凝土的本构关系[J].华南理工大学学报(自然科学版),2008,(1):105-109.

[52] 张岚,方亮,魏刚.基于纤维模型的圆钢管混凝土柱的抗震性能[J].湖南农业大学学报(自然科学版),2014,40(6):669-676.

[53] 王景玄,王文达,魏国强.基于 OpenSees 平台的钢管混凝土结构力学性能数值模拟[J].防灾减灾工程学报,2014,34(5):613-618,631.

[54] 曹徐阳,冯德成,王谆,等.基于 OpenSees 的装配式混凝土框架节点数值模拟方法研究[J].土木工程学报,2019,52(4):13-27.

[55] 徐之彬.基于 OpenSees 的方钢管再生混凝土柱滞回性能研究[D].哈尔滨:哈尔滨工业大学,2017.

[56] LIU J, LI X, ZANG X, et al. Hysteretic behavior and modified design of square TSRC columns with shear studs[J]. Thin-Walled Structures,2018,129:265-277.

[57] 陈建伟,边瑾靓,苏幼坡,等.应用 OpenSees 模拟方钢管混凝土柱的抗震性能[J].世界地震工程,2015,31(3):71-77.

[58] 冶金工业信息标准研究院.GB/T 5224—2014 预应力混凝土用钢绞线[S].北京:中国建筑工业出版社,2014.

[59] 李峰.预应力钢骨混凝土梁承载力试验研究[D].重庆:重庆大学,2007.

[60] 王佳俊.预制预应力桁架式钢骨混凝土梁承载力研究[D].扬州:扬州大学,2018.

[61] 胡勇.装配整体式预应力混凝土梁抗剪性能试验研究[D].南宁:广西大学,2018.

[62] 中国建筑科学研究院.GB 50010—2010 混凝土结构设计规范[S].北京:中国建筑工业出版社,2010.

[63] 史军胜,刘世忠.波形钢腹板箱梁手风琴效应对预应力效率的提高研究[J].科学技术与工程,2016,16(11):253-256,261.

[64] 李勇.波形钢腹板组合箱梁手风琴效应理论研究[D].兰州:兰州交通大学,2016.

[65] 杜新喜,胡锐,袁焕鑫,等.混合配筋预应力混凝土管桩抗剪性能试验研究[J].工程力学,2018,35(12):71-80.

[66] BALTAY P, GJELSVIK A. Coefficient of friction for steel on concrete at high normal stress[J]. Journal of Materials in Civil Engineering,1990,2(1):46-49.

[67] 仇一颗,刘霞,林云.钢筋混凝土简支深梁压杆-拉杆模型试验对比分析[J].建筑结构,2012,42(1):91-96.

[68] LIU J, ZHAO Y, CHEN Y F, et al. Flexural behavior of rebar truss stiffened cold-formed U-shaped steel-concrete composite beams[J]. Journal of Constructional Steel Research,2018,150:175-185.

[69] ZHOU X，ZHAO Y，LIU J，et al. Bending experiment on a novel configuration of cold-formed U-shaped steel-concrete composite beams[J]. Engineering Structures，2019,180:124-133.

[70] 中华人民共和国住房和城乡建设部.钢结构设计标准:GB 50017—2017[S].北京:中国建筑工业出版社.

[71] ANSI/AISC 360—10. Specification for Structural Steel Buildings[S]. Chicago：American Institute of Steel Construction,2010.

[72] ZHAO Y，ZHOU X，YANG Y，et al. Shear behavior of a novel cold-formed U-shaped steel and concrete composite beam[J]. Engineering Structures,2019,200:109745.

[73] NIE J，XIAO Y，CHEN L. Experimental studies on shear strength of steel-concrete composite beams[J]. Journal of Structural Engineering,2004,130(8):1206-1213.

[74] 庄云.SRC柱-RC梁组合件抗震性能试验研究[D].泉州:华侨大学,2007.

[75] 杨震.方钢管再生混凝土柱-型钢再生混凝土梁框架边节点抗震性能研究[D].广西:广西大学,2017.

[76] 颜峰.方钢管混凝土柱-U形钢混组合梁穿心式节点抗震性能研究[D].重庆:重庆大学,2019.

[77] 刘阳,郭子雄,黄群贤.不同构造形式的CSRC节点变形性能试验研究[J].工程力学,2010,27(10):173-181.

[78] 郭子雄,庄云,黄群贤,等.SRC柱-RC梁组合件抗震性能试验研究[J].建筑结构学报,2009,30(2):39-46.

[79] 方勇.波纹钢管型钢混凝土短柱轴压力学性能研究[D].哈尔滨:哈尔滨工业大学,2018.

[80] SCHNEIDER STEPHEN P. Axially loaded concrete-filled steel tubes[J]. Journal of Structural Engineering,1998,124(10):1125-1138.

[81] 杨飞,董新勇,周沈华,等.ABAQUS混凝土塑性损伤因子计算方法及应用研究[J].四川建筑,2017,37(6):173-177.

[82] 柴彦凯.波纹钢管橡胶混凝土轴心受压短柱力学性能试验研究[D].北京:北京交通大学,2019.

[83] 张冬芳.复式钢管混凝土柱-钢梁节点力学性能研究[D].西安:长安大学,2013.

[84] 卢德辉,周云,邓雪松,等.钢管铅阻尼器耗能机理研究[J].土木工程学报,2016,49(12):45-51.

[85] 李彬洋.钢管混凝土异形柱-H型钢梁框架节点的抗震性能与设计方法[D].重庆:重庆大学,2019.

[86] 刘记雄.T形钢管混凝土组合柱-钢筋混凝土梁边节点抗震性能研究[D].武汉:武汉理工大学,2015.

[87] 聂建国,秦凯.方钢管混凝土柱节点抗剪受力性能的研究[J].建筑结构学报,2007,(4):8-17.